GMC

MICHAEL FÜNGELING

LASTWAGEN

DIE SCHÖNSTEN UND STÄRKSTEN LKW DER WELT

Impressum

HEEL Verlag GmbH
Gut Pottscheidt
53639 Königswinter
Tel.: 02223 9230-0
Fax: 02223 923026
E-Mail: info@heel-verlag.de
Internet: www.heel-verlag.de

Verantwortlich für den Inhalt: Michael Füngeling
Redaktionelle Mitarbeit: Tim O. Saathoff, Jürgen Schlegelmilch

Lektorat: Tim O. Saathoff

Satz und Layout: F5 Mediengestaltung, Ralf Kolmsee, Bonn

Fotonachweis: Adobe Stock (S. 209); auto-medienportal.net; Archiv HEEL Verlag (S. 15); Archive Hersteller; Archiv Last & Kraft (S. 55); Archiv Spedition Solle (S. 11); Autoren-Union Mobilität/DAF Trucks (S. 138); Picture Alliance (S. 134, 135); Thomas Wilk/TCC Industrial Communications (S. 125); Wikimedia Commons/Spielvogel (S. 38); Wikimedia Commons/O. Nordsieck (S. 38)

Titelbild: © Auto-Medienportal.Net/Daimler

Printed in Slovakia
ISBN: 978-3-96664-780-9

MICHAEL FÜNGELING

LASTWAGEN

DIE SCHÖNSTEN UND STÄRKSTEN LKW DER WELT

HEEL

Inhalt

DIE SCHÖNSTEN UND STÄRKSTEN LKW DER WELT

1920er- bis 1940er-Jahre

Autocar Model U COE Tractor/Trailer 10
Büssing NAG 900 11
Chevrolet COE Truck Tractor 12
Chevrolet COE Stake Truck 13
DAF A30 14
Dodge WFA Stake Truck 15
Ford Platform Truck 15
Ford Stake Bed Delivery Truck 16
Ford COE Dump Truck 17
Ford V8 Stake Truck 18
Ford Highway Tractor 18
Ford Dump Truck & Heavy Duty Regular Stake Truck 19
Ford F-8 Truck 20
GMC COE & Conventional Cab Trucks 21
GMC COE Diesel Tractors 22
GMC AF COE Cab Chassis 24
GMC FF-351 COE Cab Chassis 24
International Harvester Model DR-70 25
Daimler Lastwagen 26
Daimler Kardan-Lastwagen 27
Mercedes-Benz 5K5 Diesel 27
Mercedes-Benz L 6500 28
Mercedes-Benz LK 10000 29
Mercedes-Benz L 3000 30
Mercedes-Benz L 5000 31
Volvo Serie 1 32
Volvo LV 82 33
Volvo LV 150 Diesel „Rundnase" 34
Volvo Dreiachser Diesel Milchtransporter 35

1950er- bis 1960er-Jahre

Büssing 12000 U 38
Büssing BS 16 38
Chevrolet COE Semi-Tractor/Trailer 39
DAF A 15 40
DAF 1100/1300/1500/1600/1800 41
DAF 2600 42
Dodge C 900 43
Dodge NCT 1000 44
Ford C-800 Cab Forward Truck 45
Ford T-900 Tractor/Trailer 46
Ford C-750 Chassis Cab 47
Ford F-800 Dump Truck 47
Ford N-950-D 48
Ford N-6000 Diesel 48
Ford T-950 Super Duty Tandem Truck 49
Ford W-1000 Heavy Truck 50
Ford N-700 51
GMC 660 Diesel Tractor HydraMatic 51
GMC 7500 Diesel Tractor 52
1969 GMC 7500 COE Tractor 53
International Harvester DCOF 405 54
Krupp Titan 55
Mercedes-Benz L 6600 Allrad 56
1956 Mercedes-Benz LK 315 56
Mercedes-Benz LP 315 57
Mercedes-Benz L 325 58
Mercedes-Benz L 311 59
Mercedes-Benz LP 333 „Tausendfüßler" 59
Mercedes-Benz LPS 1418 60
Mercedes-Benz LPS 1620 60
Mercedes-Benz LP 2223 61
Mercedes-Benz LPL 1619 62
Mercedes-Benz LPS 2224 63
Scania-Vabis LS 71 Regent 64
Scania-Vabis LBS 76 65
Volvo L 3851 Viking 65
Volvo L 375 Starke 66
Volvo F 88 67
Volvo N 88 67

Auf die Ladung kommt es an: Lastwagen als Spezialtransporter

Dodge Airflow Tanklaster 68
GMC AF Tanklaster 69
Chevrolet Abschleppwagen 70
Ford Betonmischer 70
GMC FF-453 Tanklaster 71
International Harvester RDF-190 Geldtransporter 72
DAF 2000 DO Tanklaster 73
Volvo L495 Titan Tanklaster 74
Mercedes-Benz LB 1413 Betonmischer 75
Mercedes-Benz LP 1013 Autotransporter 76
Mercedes-Benz LPS 2023 Silofahrzeug 77
Mercedes-Benz LP 2223 Flüssigtransporter 78
Mercedes-Benz LK 1924 Tanklaster 79
Scania LT 111 Tanklaster 80
MAN TGS 32.400 Betonmischer 81

1970er- bis 1980er-Jahre

Chevrolet Titan 90 84
Chevrolet Titan 90 85
DAF 1160 86
DAF FAD 2300 86
DAF N2800 87
DAF FT 95 Space Cab 87
Dodge Bighorn CNT 950 88
Ford C-750 89
Ford LT-8000 90
Ford W-9000 & WT-9000 91
Ford LT-9000 92
Ford LTS-9000 93
Ford CL/CLT-9000 94
Ford Aeromax LTA-9000 94
GMC Brigadier 95
GMC Astro 95 96
GMC Five-Star General Tractor 98
International Unistar CO-7044A 99
Mercedes-Benz L 1413 100
Mercedes-Benz LPS 2032 101
Mercedes-Benz L 1623 102
Mercedes-Benz L 1624 NG 103
Mercedes-Benz L 2628 NG 104
Mercedes-Benz L 2644 NG 105
Mercedes-Benz L 3336 K NG 106
Scania LBT 140 Super 107
Scania LT 111 4x2 108
Scania L 140 4x2 109

Scania T 142 E 6x4 110
Scania 142 H 6x2 111
Volvo F89 112
Volvo F12 113

Mammutaufgaben: Lastwagen im Spezialeinsatz

Volvo LV68/69/70 116
Volvo TVB 116
Volvo TVC 117
Ford Müllsammler 117
DAF YA-328 118
Mercedes-Benz LM 311 Müllsammler 118
Mercedes-Benz L 315 Kranwagen 119
Scania T143H Schneepflug 119
Liebherr 1040/1 Kranwagen 120
Volvo FM12 Müllsammler 122
Volvo FM9 Flughafen-Servicefahrzeug 122
IVECO Trakker Bergbau-Transporter 123
Scania P420 Leiterwagen 123
Caterpillar 797F 01 124
Caterpillar 793F 125
Volvo VHD Betonmischer 125
MAN TGS 26.440 E5 Wechsellader 126
MAN TGS Kanalreinigungsfahrzeug 126
Scania G460 Bergbau-Kipplaster 127
MAN TGM 18.290 THW-Werkstattfahrzeug 127
Mack Granite Höhenretter 128
Mercedes-Benz Actros 3351L Schienentruck 129
International HV607 Kranwagen 129
International MV Schneepflug 130
International MV mit ausfahrbarer Arbeitsbühne 130
Mack LR Müllsammler 131
Mack TerraPro Baufahrzeug 132
Mack TerraPro Schneepflug 132
Mercedes-Benz eEconic Flughafen Tanklaster 133

1990er- bis 2000er-Jahre

Chevrolet Kodiak 136
Chevrolet C7500 137
DAF 85 138
DAF 95 XF 139
Ford Aeromax L-9000 140
Ford Aeromax 9500 141
Fuso Super Great 142
GMC Topkick 143
GMC C7500 144
International 9100 146
IVECO Eurotech 420 147
IVECO Eurotrakker 147
Kenworth C500 148
Kenworth T600A 149
Kenworth T800 150
Kenworth W900L 151
MAN F2000 19.463 152
MAN M2000 FS 153
Mercedes-Benz SK 1729 und 1733 154
Mercedes-Benz SK 1853 155
Mercedes-Benz Actros 4257 156
Mercedes-Benz Actros 1840 158
Mercedes-Benz Actros 1843 MP1 159
Scania T143H 160
Scania R113M 161
Scania T144L 162
Tatra T815 TerrNo1 8x8 163
Tatra T163 164
Volvo Autocar ACL 165
Volvo FH16 166
Volvo FH12 8WD 167
Volvo NH 168
Volvo NL12 EDC 169
Volvo VN 170
Volvo FM10 171

Mehr als Elefantenrennen: Lastwagen im Motorsport

Mercedes-Benz 2636 NG bei der Rallye Dakar 2024 172
Mercedes-Benz Atego 173
Volvo Iron Knight 174
MAN TGS 33.500 Truck Trial BFS 175
MAN TGS 35.480 Truck Trial HS-Schoch Hardox 175

2000er-Jahre bis heute

DAF CF-Series 178
DAF XF105 ATe 178
Freightliner Inspiration 179
Freightliner eCascadia Las Vegas 180
Freightliner Cascadia 182
Fuso Super Great/Shogun 183
International Lonestar 184
International HX 520 185
International LT mit S13 Integrated Powertrain 186
International RH 188
IVECO Stralis 189
Kenworth T2000 190
Mack RL 191
Mack Pinnacle NYC 192
Mack Anthem 194
Mack Trident 195
MAN TGS/TGX 196
MAN eTGX 200
Mercedes-Benz Actros 2644 201
Mercedes-Benz Actros 1861 Black Edition 202
Mercedes-Benz Zetros 204
Mercedes-Benz Actros GenH2 206
Mercedes-Benz eActros 600 207
Peterbilt 389 208
Scania Streamline R450 Crown Edition 211
Scania R730 212
2023 Scania 770S 01 213
Toyota H2-Prototyp 214
Volvo FH12 215
Volvo VT 880 216
Volvo FH16 217
2022 Volvo VNL 760 218
Western Star 5700XE 219
Western Star 49X 220
Western Star 57X 222

Vorwort

DIE SCHÖNSTEN UND STÄRKSTEN LKW DER WELT

Reden wir über Lastkraftwagen. Allein das Wort klingt so altertümlich und bürokratisch, dass wir sie lieber als Lkw bezeichnen. Manche Zeitgenossen mit einem unverkrampften Verhältnis zu Singular und Plural sagen gerne auch Lkws, in Langform also „Lastkraftwagens“. Der Süddeutsche umgeht das Problem elegant mit dem Plural „Lastkraftwägen“.

Ganz hip ist natürlich heutzutage der Anglizismus „Trucks“, der sich im Sprachgebrauch mehr und mehr durchsetzt, allem voran in den Medien und der Unterhaltungsbranche. Man denke dabei etwa an eine Serie im Privatfernsehen mit komplett anglisiertem Titel, der zugegebenermaßen unterhaltsamer klingt als „Weibliche Lkw-Fahrer“.

Ziemlich aus der Mode gekommen ist dagegen der Begriff „Brummi“, der vor gut 50 Jahren ins Leben gerufen wurde. Passend dazu gab es eine Zeichentrickfigur gleichen Namens, an die sich die Älteren unter den Lesern sicher noch erinnern können. Angesichts der schon damals stetig zunehmenden Staus und der wachsenden Luftverschmutzung sollte Brummi in der Bevölkerung die Akzeptanz des Lastverkehrs auf deutschen Straßen erhöhen.

Heute, ein halbes Jahrhundert später, sind mehr Lkw unterwegs als je zuvor – als unverzichtbare Bestandteile der globalen Warenverkehrsströme. Gigantische Containerschiffe mögen Konsumgüter rund um die Welt verfrachten, aber die Regale in den Supermärkten, Baumärkten, Gartencentern und allen anderen Konsumtempeln bleiben ohne Lkw leer. Ohne Trucks und die Männer und Frauen, die sie mit beachtlichem Geschick Tag und Nacht sicher durch den immer dichteren Dschungel unseres Straßenverkehrs steuern, läuft gar nichts. Es ist hilfreich, sich daran zu erinnern, wenn man sich wieder einmal über Lkw ärgert, die sich auf der Autobahn ein „Elefantenrennen“ liefern oder durch enge Straßen quälen, immer wenn man gerade (wie üblich) in Eile ist.

Das vorliegende Buch soll einen kleinen Einblick in die weite Welt der Lastkraftwagen von gestern und heute bieten. Es erhebt gewiss nicht den Anspruch auf Vollständigkeit, was angesichts der zahlreichen zu behandelnden Lkw-Marken und –Modelle auch geradezu vermessen wäre.

Der interessierte Leser wird daher in diesem Buch eine Zeitreise unternehmen, beginnend vom späten 19. Jahrhundert bis in die Gegenwart und dabei einige ausgewählte Modelle diverser, aber längst nicht aller Lkw-Hersteller kennenlernen. Manche davon werden einem deutschsprachigen Publikum vertraut sein, andere eher nicht, was natürlich beabsichtigt ist.

Die meisten der vorgestellten Fahrzeuge dienen oder dienten dem klassischen Warentransport, es finden sich aber auch Lkw-Modelle mit zum Teil sehr speziellen Anwendungszwecken. Damit soll die nahezu unbegrenzte Vielfalt zumindest angedeutet werden, die sich dem Nutzanwender bietet und Lastkraftwagen zu begehrten Alleskönnern macht. Denn Lastwagen können so viel mehr als lediglich Anhänger ziehen und Kisten oder Tonnen von A nach B transportieren. Solange es Lkw gibt, werden sie für eine schier unendliche Fülle von Arbeiten genutzt, wie unsere Auswahl – aus Vergangenheit und Gegenwart – deutlich machen soll. Heute, im CAD/CAM-Zeitalter (Computer-Aided Design/Computer-Aided Manufacturing = computergestützte Entwicklung/Produktion) trifft das mehr denn je zu, denn dank modernster Softwareanwendungen und modularer Konstruktionsweise können schwere und schwerste Nutzfahrzeuge präziser als je zuvor auf jeden individuellen Kunden und seine ganz spezifischen Bedürfnisse zugeschnitten werden.

Wie jede Auswahl ist auch die hier praktizierte subjektiv und spiegelt die Präferenzen des Auswählenden sowie die Verfügbarkeit geeigneten Bildmaterials und zuverlässig verfügbarer technischer Daten wider. Wer hier also seine Lieblingsmarke beziehungsweise seinen absoluten Truck-Favoriten vermisst, der sei um Verständnis gebeten und möge trotzdem Spaß an der Lektüre haben. Die Möglichkeit eines Nachfolgebands sollte ebenfalls nicht ausgeschlossen werden ...

Der Mack TerraPro ist ein gutes Beispiel für die vielseitige Einsetzbarkeit von Lastkraftwagen. Der 505 PS starke Schwerlaster wird nicht nur in der Bauindustrie, sondern auch in der Abfallwirtschaft häufig eingesetzt.

MACK

Aller Anfang ist schwer ...

... sagt der Volksmund und das passt auch zum Thema, denn die ersten Lastkraftwagen mussten wirklich sehr schwer arbeiten, um ihre Transportgüter von A nach B zu bringen. Kaum war das Auto erfunden, dachte man schon daran, nicht bloß Personen damit zu befördern, sondern auch Waren. Das Problem dabei war vor allem die Kraftquelle, der Motor. Ein klassisches Pferdefuhrwerk konnte man leicht durch den Einsatz von mehr Tieren verstärken, aber die frühen Motoren, zunächst praktisch ausschließlich Viertakter, gaben konstruktionsbedingt und wegen der geringen Kraftstoffqualität herzlich wenig Leistung ab. Voll beladene pferdelose Kutschen, wie man Automobile damals gerne nannte, waren nicht selten langsamer als herkömmliche Pferdegespanne, was manche Zeitgenossen glauben ließ, dass sich das Auto niemals durchsetzen werde. Ein erstaunliches Fehlurteil, wurde doch die Automobilindustrie zu DER Wachstumsbranche ihrer Zeit, selbst der verheerende Erste Weltkrieg konnte dieser Entwicklung nichts anhaben.

Von den zahlreichen technischen Neuerungen, welche die Evolution des Lastwagens nach 1918 hervorbrachte, seien hier zwei kurz hervorgehoben: Da war zum einen der sich abzeichnende Siegeszug des Dieselmotors, vor allem im Schwerlastbereich auf dem europäischen Markt. Die Vorzüge des Selbstzünders – hohes Drehmoment bei geringen Drehzahlen und niedrigerer Kraftstoffverbrauch gegenüber Benzinern vergleichbarer Größe – überzeugten die Unternehmen der Transportbranche, in der damals wie heute scharf gerechnet wurde.

Eine andere interessante Entwicklung war das Aufkommen des Frontlenkers, bei dem der Motor unter der Fahrerkabine des Lastwagens eingebaut war. Wie die hier vorgestellten Beispiele zeigen, konkurrierte diese platzsparende Konstruktion auf beiden Seiten des Atlantiks mit der konventionellen Frontmotor-Bauweise. Am Ende, so könnte man etwas vereinfachend sagen, setzte sich im engen, dichtbesiedelten Europa der Frontlenker durch, während er in den Weiten Nordamerikas, wo traditionell alles etwas größer sein darf, heute eher eine Randerscheinung ist.

Reudener Ziegelwerke
Aktiengesellschaft
IM-98530

Fotografiert in den 1930er Jahren, transportierte dieser Kühllaster Fleischprodukte der bereits damals altehrwürdigen Cudahy Packing Company, gegründet 1887 in Maine, durch die USA.

Land	USA
Baujahr	1933-1952
Motor-Bauart	Sechszylinder-Reihenmotor, Benzin
Lage	Front
Antrieb	Heck
Hubraum (ccm)	6178
Leistung (PS)	100

Autocar Model U COE Tractor/Trailer

Die bewegte Geschichte des amerikanischen Truck-Herstellers Autocar beginnt im Jahre 1897, was ihn zur ältesten noch bestehenden Kfz-Marke in den USA macht. Das Model U wurde 1933 vorgestellt und bis 1952 in einer Vielzahl von Versionen sowohl für den zivilen Markt als auch für die US-Streitkräfte während des 2. Weltkriegs und danach hergestellt. Das „U" steht dabei für „Under the seat", auch als COE (Cab Over Engine) bezeichnet, womit die Lage des Motors unter der Fahrerkabine angezeigt wird. Model U Trucks wurden von seitengesteuerten Reihensechszylindermotoren mit 5,2 bis 8,7 Liter Hubraum angetrieben und waren sowohl mit Heck- als auch mit Allradantrieb erhältlich.

Beim Kohletransport der Spedition Solle aus Hamm konnte der Büssing NAG auch noch sechs Jahre nach seinem Baujahr Kraft beweisen. Das Foto des Lkw mitsamt zweier zusätzlicher Anhänger entstand im Jahr 1946.

Land	Deutschland
Baujahr	1935-1940
Motor-Bauart	Sechszylinder-Reihenmotor, Diesel
Lage	Front
Antrieb	Heck
Hubraum (ccm)	13.540
Leistung (PS)	135-180

Büssing NAG 900

Älteren Lesern (und Fans) dürfte der Name Büssing geläufig sein, obwohl die 1903 von Heinrich Büssing gegründete Braunschweiger Nutzfahrzeugmarke bereits 1971 vom Konkurrenten MAN, über den noch zu berichten sein wird, übernommen wurde. Zumeist wird Büssing vor allem mit Omnibussen assoziiert, das Unternehmen war aber auch ein renommierter Hersteller von Lastkraftwagen wie etwa des Modells NAG 900, ein Ergebnis der Übernahme der AEG-Tochter NAG durch Büssing im Jahre 1931, wodurch die Büssing-NAG Vereinigte Nutzfahrzeuge AG entstand. Der NAG 900 war ein dreiachsiger, heckgetriebener Schwertransporter, der für Nutzlasten von 9,3 bis 11,5 Tonnen ausgelegt war. Der NAG 900 kam auch während des Zweiten Weltkriegs bei der deutschen Wehrmacht zum Einsatz, sowohl als Transporter als auch als Zugmaschine etwa für Flugabwehrgeschütze.

Hier zieht der Chevy einen Anhänger der Flint Fireproof Warehouse Company, hergestellt von der auch hierzulande bekannten Fruehauf Trailer Corporation, beheimatet im US-Bundesstaat Michigan.

Land	USA
Baujahr	1940
Motor-Bauart	Sechszylinder-Reihenmotor, Benzin
Lage	Front
Antrieb	Heck
Hubraum (ccm)	3548
Leistung (PS)	85

Eine weitere Ausführung des COE-Trucks von Chevrolet aus dem Jahre 1940, diesmal mit einem Anhänger der National Cellulose Corporation ausgestattet, eines großen Herstellers von Kunstseide aus dem Bundesstaat New York, der bis in die 1970er Jahre existierte.

Chevrolet COE Truck Tractor

Amerikas Traditionsmarke Chevrolet, gegründet 1912 und Brot-und-Butter-Marke der General Motors Corporation, begann bereits 1918 mit dem Bau von Nutzfahrzeugen, zunächst im Marktsegment der Kleinlaster, später auch in den Bereichen mittelschwere und schwere Lkw. Die hier gezeigten COE (Cab Over Engine, Frontlenker) Trucks waren als Sattelschlepper konzipiert. Der Radstand der Zugfahrmaschine betrug 2733 mm. Dank Doppelbereifung war der Truck für ein Gesamtgewicht von bis zu 14.000 pounds (6.356 Kilogramm) zugelassen. Unter der dreisitzigen Fahrerkabine des Trucks verbarg sich Chevrolets bewährter „Stovebolt Six“, ein 3,5 Liter-Reihensechszylinder mit hängenden Ventilen, dessen 85 PS per Viergang-Schaltgetriebe auf die Hinterräder übertragen wurden.

Dieses Modell 5703 mit gänzlich neugestalteter Fahrerkabine wurde mit seinem extra langen Radstand von 158 Zoll (4013 mm) und einem Kühlraum für den Transport verderblicher Lebensmittel eingesetzt. Sein Loadmaster-Motor, eine auf 3,9 Liter Hubraum vergrößerte Version des Stovebolt Six, leistete 93 PS. Das zulässige Gesamtgewicht betrug 16.000 pounds = 7264 kg. Nur so nebenbei: Ein US-Pound entspricht rund 454 Gramm und ist damit etwa zehn Prozent leichter als ein metrisches Pfund.

Im hier abgebildeten Fall wurde einem COE-Truck mit 158-Zoll-Radstand ein verlängertes Fahrerhaus mit Schlafgelegenheit hinter dem Fahrersitz – alle Chevies hatten eine durchgehende Sitzbank – angebaut.

Land	USA
Baujahr	1947
Motor-Bauart	Sechszylinder-Reihenmotor, Benzin
Lage	Front
Antrieb	Heck
Hubraum (ccm)	3856
Leistung (PS)	93

Hier ein Chevy in der Stake Truck-Ausführung, also mit Pfahlgatter-Aufbau, aufgenommen im Jahre 1947. Solche Modelle wurden häufig für den Transport landwirtschaftlicher Güter benutzt. Die bewährte COE-Konstruktion wurde auch weiterhin beibehalten, allerdings handelt es sich hier eine Ausführung mit 132,5 Zoll (3365 mm) langem Radstand und hinterer Doppelbereifung.

Chevrolet COE Stake Truck

Noch während des Modelljahres 1947 führte Chevrolet das sogenannte „Advance Design“ bei all seinen Trucks einschließlich der COE-Modelle ein. Wie die meisten Lkw-Hersteller bot auch Chevrolet spezielle Modelle für Nachrüster an. Dabei erhielt der Kunde lediglich das rollende Chassis mit Fahrerkabine, manchmal auch nur mit Aufbau von der Vorderstoßstange bis zur A-Säule und ließ sich dann eine Sonderkarosserie maßschneidern. Ab Werk waren solche Aufbauten nicht zu haben, aber dafür gab es unzählige Firmen, die sich darauf spezialisiert hatten, auch ausgefallene Sonderwünsche der Kundschaft zu erfüllen, die meistens den Bereich hinter dem Fahrerhaus betrafen.

Der A30 war DAFs erster LKW, der Dieselmotor stammte von der US-amerikanischen Firma Hercules.

Land	Niederlande
Baujahr	1949
Motor-Bauart	Sechszylinder-Reihenmotor, Benzin
Lage	Front
Antrieb	Heck
Hubraum (ccm)	4041
Leistung (PS)	91

Bevor DAF in die Lkw-Produktion einstieg, fertigte man hier Anhänger, wie diesen 1932 gebauten Vertreter.

DAF A30

DAF, die Kurzform von (van) Doorne's Aanhangwagen Fabriek, praktischerweise auch Dutch Automobile Factories für den internationalen Markt, produzierte anfänglich keine Fahrzeuge, sondern Anhänger für Lkw. Den ersten eigenen Lastkraftwagen für den zivilen Markt brachten die Niederländer im Jahr 1949 heraus: Der A30 hatte einen Radstand von 3200 mm und eine zulässigen Nutzlast von drei Tonnen, während der A50, zugelassen für fünf Tonnen Nutzlast, mit einem Radstand von 3600 mm aufwartete. Für den Vortrieb sorgten ein aus den USA importierter Sechszylindermotor der Marke Hercules mit 4 Liter Hubraum und 91 PS für den A30 und 4,6 Liter Hubraum bzw. 102 PS für den A50.

Land	USA
Baujahr	1947
Motor-Bauart	Sechszylinder-Reihenmotor, Benzin
Lage	Front
Antrieb	Heck
Hubraum (ccm)	3877
Leistung (PS)	109

Mit seinem Radstand von 3429 mm und einer Gesamtlänge von 5,51 Metern war ein eher einer der unauffälligeren Vertreter der Dodge-Modellpalette, an nötiger Leistung zur Bewegung der zugelassenen Gesamtmasse von 6.356 kg mangelte es ihm jedoch nicht.

Dodge WFA Stake Truck

Was Chevrolet recht war, war Dodge billig. Der Nutzfahrzeughersteller der Chrysler Corporation brachte 1918 seinen ersten eigenen Truck heraus und ist bis heute auf diesem Gebiet aktiv, wenn auch unter dem Markennamen Ram. Zu den zahlreichen Modellen, die Dodge seit Ende des Ersten Weltkrieges baute, gehörte auch der Stake Truck der Serie WFA aus dem Jahr 1947. Dieses Modell war für ein Gesamtgewicht von 6.356 Kilogramm bzw. 14.000 pounds zugelassen. Um diese Masse zu bewegen, war der WFA mit einem seitengesteuerten Sechszylinder-Reihenmotor ausgestattet, der bei 3,9 Litern Hubraum 109 PS abgab. Größere Dodge Trucks wie etwa der WHMA-Frontlenker erhielten einen 4,1-Liter-Sechszylinder mit 114 PS.

Land	USA
Baujahr	1934
Motor-Bauart	V8-Motor, Benzin
Lage	Front
Antrieb	Heck
Hubraum (ccm)	3621
Leistung (PS)	80

Alternativ konnten dieses und andere Modelle auch mit einem 3,3-Liter-Vierzylinder mit 50 PS ausgerüstet werden. Wie viele Kunden den kleineren Motor statt des V8 wählten, ist nicht bekannt.

Ford Platform Truck

Ein nicht weniger engagierter Nutzfahrzeughersteller als Chevrolet und Dodge war die Ford Motor Company, die bereits 1911 ihren ersten Lastwagen herausbrachte, gerade einmal drei Jahre nach der berühmten „Tin Lizzie", dem Model T. 1934, als dieser Platform Truck aufgenommen wurde, warb Ford sehr heftig mit seinem zwei Jahre zuvor eingeführten 3,6-Liter-V8-Motor, dem einzigen außerhalb der Oberklasse. Der legendäre „Flathead", also seitengesteuerte, Achtzylinder wurde natürlich auch in große Lkw mit sattem 3988-mm-Radstand wie das hier gezeigte Fahrzeug eingebaut. Damit war der Ford-Truck für ein Gesamtgewicht von bis zu 17.000 pounds = 7.718 kg zugelassen.

Land	USA
Baujahr	1936
Motor-Bauart	V8-Motor, Benzin
Lage	Front
Antrieb	Heck
Hubraum (ccm)	3621
Leistung (PS)	85

Das hier abgebildete Fahrzeug stand in den Diensten der Firma Vernors, eines Softdrink-Herstellers, dessen spritziges Ginger Ale bereits 1866 auf den Markt kam und bis heute angeboten wird. Der charakteristische Geschmack des Getränks resultiert laut Firmenwerbung durch die vierjährige Lagerung in Holzfässern.

Mistele Coal, der Besitzer dieses Lasters, war in Detroit, Michigan, angesiedelt und im Kohle- und Ölgeschäft tätig, das damals noch nicht als anrüchig galt.

Ford Stake Bed Delivery Truck

Die nächste Modellgeneration der Ford-Lkw repräsentiert dieser Truck aus dem Jahre 1936. Die im Vorjahr mit schwungvolleren Linien neu gestaltete Fahrerkabine machte Ford zum Bestseller unter den Truck-Anbietern. Der mickrige Vierzylinder war aus dem Angebot verschwunden, alle Fords (Pkw und Lkw) waren nun V8-Modelle. Bei unverändertem Hubraum leistete der Flathead nunmehr 85 PS. Doch bereits im Folgejahr entschied man sich dazu, mit einem 60 PS starken 2,2-Liter-V8 in Serie zu gehen. Der 3,6-Liter-Motor wurde aufpreispflichtig – dafür erhielten die Ford-Lkw ein neues Kühlergesicht und eine geteilte Windschutzscheibe.

Die verfügbaren Karosserievarianten umfassten das Chassis & Cab ohne Aufbau hinter Fahrerkabine, den Stake Truck mit Pfahlgatteraufbau und den hier gezeigten Kipplaster, der sich hier gerade ein Fuhre Sand abholt.

Ford COE Dump Truck

Wie der Erzrivale Chevrolet bot auch Ford COE-Modelle wie diesen Kipplaster aus dem Jahr 1939 an, allerdings mit in dieser Preisklasse konkurrenzlosem V8-Motor. Die Frontlenker-Fords gab es mit drei Radständen: 3888 mm, 3404 mm oder wie abgebildet 2565 mm. Die werksseitig angebotene Motorenpalette wurde in jenem Jahr um eine größere Version des Flathead erweitert, die bei 3,9 Liter Hubraum 95 PS leistete. Der 60-PS-V8 war in den COEs nicht erhältlich.

Land	USA
Baujahr	1939
Motor-Bauart	V8-Motor, Benzin
Lage	Front
Antrieb	Heck
Hubraum (ccm)	3919
Leistung (PS)	95

Land	USA
Baujahr	1939
Motor-Bauart	V8-Motor, Benzin
Lage	Front
Antrieb	Heck
Hubraum (ccm)	3916
Leistung (PS)	95

1939 präsentierten sich die Ford Trucks abermals mit neugestalteter Fahrerkabine.

Ford V8 Stake Truck

Neben den COE-Modellen baute Ford natürlich auch weiterhin konventionelle Trucks wie diese 1939er Stake and Platform-Version an. Bei einem Radstand von wahlweise 3888 oder 3404 mm verfügte die hier abgebildete lange Ausführung über eine Ladefläche von 3607 mm Länge, 2083 mm Breite und 1067 mm Höhe. Für die Motorisierung standen der 85 PS- und der 95 PS-V8 zur Wahl, die Kraftübertragung erfolgte mittels eines Viergang-Schaltgetriebes.

Land	USA
Baujahr	1940
Motor-Bauart	V8-Motor, Benzin
Lage	Front
Antrieb	Heck
Hubraum (ccm)	3916
Leistung (PS)	95

Die Doppelbereifung an der Hinterachse der Zugmaschine war ein aufpreispflichtiges Extra, obwohl ohne sie keine Zulassung als Sattelschlepper erteilt worden wäre. Der Anhänger stammte in diesem Fall von Fruehauf.

Ford Highway Tractor

Fords Trucks, die 1940 ein weiteres Mal gemäß dem eisernen amerikanischen Prinzip der fortlaufenden optischen Überarbeitung aller Fahrzeuge ein verändertes Gesicht erhielten, eigneten sich selbstverständlich auch als Zugmaschinen, so wie dieser Sattelschlepper, der 1940 fotografiert wurde. Chassis & Cab-Modelle mit 122- oder 134-Zoll-Radstand (3099 bzw. 3404 mm) ließen sich für diesen Zweck einrichten. Bei genauem Hinsehen erkennt man ein V8-Symbol an der Motorhaube über dem Scheinwerfer auf der Fahrerseite. Damit ist natürlich der 95 PS starke 3,9-Liter-Flathead gemeint, der dieser Zugmaschine die nötige Kraft verlieh.

In das Modelljahr 1942 gehörte auch dieser Stake Truck, der hier gerade mit Langholz beladen wird.

Land	USA
Baujahr	1942
Motor-Bauart	V8-Motor, Benzin
Lage	Front
Antrieb	Heck
Hubraum (ccm)	3621
Leistung (PS)	85

Der 1942er Ford Truck in einer Ausführung als Kipplaster mit kurzem 2896-mm-Radstand.

Ford Dump Truck & Heavy Duty Regular Stake Truck

Trotz des mittlerweile angebrochenen 2. Weltkrieges brachte Ford für das Modelljahr 1942 einen äußerlich umgestalteten Truck heraus. Der geneigte Kunde hatte eine größere Motorenauswahl als je zuvor: Einen 2-Liter-Vierzylinder mit 30 PS, einen 3,7-Liter-Sechszylinder mit 90 PS sowie die bereits erwähnten V8 mit 3,6 und 3,9 Liter Hubraum, nun aber mit 90 bzw. 100 PS. Das kriegsbedingt dramatisch verkürzte Modelljahr 1942 endete am 1. Februar des Jahres, als die Produktion von Pkw und Lkw für den zivilen Markt eingestellt wurde.

Nach Wiederaufnahme der Produktion von Zivilfahrzeugen im Spätsommer 1945 legten die US-Hersteller zunächst nahezu unveränderte 1942er Modelle wieder auf. Nach dreijähriger Unterbrechung des Nachschubs war der Fahrzeugbestand der USA stark überaltert: Von 30 Millionen registrierten Fahrzeugen war 1945 die Hälfte mehr als zehn Jahre alt, daher verkaufte sich in den ersten Nachkriegsjahren jeder Neuwagen wie das sprichwörtliche geschnittene Brot, egal ob Pkw oder Lkw. Nur mit geübtem Blick konnte man die 42er von den 46er oder 47er Modellen unterscheiden.

In diesem F-8 Truck tat der gleiche Motor Dienst wie in Fords Luxusmarke Lincoln, dort allerdings mit 7 PS mehr.

Land	USA
Baujahr	1949
Motor-Bauart	V8-Motor, Benzin
Lage	Front
Antrieb	Heck
Hubraum (ccm)	5517
Leistung (PS)	145

Ford F-8 Truck

1948 brachte Ford gänzlich neue Trucks heraus, ein Jahr vor den entsprechenden Pkw-Modellen. In diesem Jahr führte das Unternehmen auch das Kürzel „F" zur Bezeichnung seiner Lastwagen ein. F-1 bis F-4 umfasste den sogenannten Light Duty-Bereich für Trucks mit einem zulässigen Gesamtgewicht von bis zu 10.000 pounds (4540 kg), F-5 und F-6 bezeichneten den Heavy Duty-Bereich bis 16.000 pounds (7264 kg), F-7 und F-8 schließlich waren für bis zu 21.500 pounds (9761 kg) zugelassen. Um solch ein Schwergewicht wie den hier abgebildeten F-8 angemessen zu bewegen, wurde ein weiterer Vertreter der seitengesteuerten Ford-V8-Familie eingebaut, diesmal mit 5,5 Liter Hubraum und 145 PS.

In den 1920er und 1930er Jahren herrschte auch in den heutzutage von Langhaubern dominierten USA noch ein ausgewogenes Verhältnis von solchen zu Kurzhaubern bzw. Haubenlenkern.

Land	USA
Baujahr	1938-1939
Motor-Bauart	Sechszylinder-Reihenmotor, Benzin
Lage	Front
Antrieb	Heck
Hubraum (ccm)	3746
Leistung (PS)	86

GMC COE & Conventional Cab Trucks

GMC, seit 1909 Teil von General Motors und als General Motors Truck Company bezeichnet, ist ein etablierter Hersteller von Nutzfahrzeugen, dessen Produkte üblicherweise auf den gleichen Plattformen aufbauen wie Chevrolets Lastwagen aller Gewichtsklassen. Ein wesentlicher Unterschied bestand jedoch in der Motorisierung, zumindest bis in die 1960er Jahre. GMC griff auf Motoren anderer Divisionen des General Motors-Konzerns zurück – Pontiac, Oldsmobile und Buick – und modifizierte diese Pkw-Triebwerke für den Einsatz in leichten, mittelschweren und schweren Nutzfahrzeugen. Die hier abgebildeten Trucks, sowohl jene mit konventionellem Frontmotor als auch die Frontlenker, ähnelten natürlich ihren Konzernschwestern von Chevrolet, wobei das 1938er COE-Modell (oberes linkes Bild, linker Truck) einen Pontiac-Sechszylinder verwendete, während die übrigen Fahrzeuge, alle Modelljahr 1939, mit GMCs Reihensechszylinder auf Buick-Basis arbeiteten.

In einer Linie aufgereiht präsentierten sich diese GMC AF-Zugmaschinen vor dem Gebäude eines GMC-Vertragshändlers

Land	USA
Baujahr	1939
Motor-Bauart	Sechszylinder-Reihenmotor, Zweitakt-Diesel
Lage	Front
Antrieb	Heck
Hubraum (ccm)	bis zu 6972
Leistung (PS)	bis zu 165

GMC COE Diesel Tractors

Während der Diesel in US-Pkw bis heute eine Ausnahmeerscheinung ist, gewann er in Lastkraftwagen schon vor dem Zweiten Weltkrieg zunehmend an Bedeutung. Der in allen GM-Trucks verwendete Zweitakt-Selbstzünder stammte von der Konzerntochter Detroit Diesel, die seit 1939 eine ganze Motorenfamilie mit einem, zwei, vier oder sechs Zylindern anbot. Die GMC-Diesel-Sattelschlepper wurden mit einem 3,5-Liter-Dreizylinder mit 83,5 PS oder einem 4,6-Liter-Vierzylinder mit 110 PS angeboten; auch ein Sechszylinder mit sieben Liter Hubraum und 165 PS war auf Wunsch verfügbar. So ausgestattet waren die Fahrzeuge für Gesamtgewichte von 3,5 bis 8 Tonnen zugelassen. Detroit Diesel baute übrigens auch Motoren für Überlandbusse, Eisenbahnen und Sonderfahrzeuge für das US-Militär. Die GM-Tochter erlangte schnell eine derart marktbeherrschende Stellung, dass General Motors 1956 per Regierungsbeschluss dazu gezwungen wurde, auch Konkurrenten mit seinen Selbstzündern zu beliefern.

Hier ein besonderes Exemplar der GMC Truck-Familie, ein 1939er Frontlenker mit kurzem Radstand und Sattelauflieger, angetrieben von einem Dieselmotor.

Hier eine 1940er GMC-Zugmaschine mit einem Pfahlgatter-Auflieger, vermutlich für den Transport von Lebendvieh. Auch dieses Modell war mit einem Detroit Diesel ausgestattet, erkennbar an der kleinen Plakette auf der Fahrertür.

Land	USA
Baujahr	1940
Motor-Bauart	Sechszylinder-Reihenmotor, Benzin
Lage	Front
Antrieb	Heck
Hubraum (ccm)	5915
Leistung (PS)	136

Hinter die Fahrerkabine dieses AF-Trucks wurde ein geschlossener Sonderaufbau für den Transport von Chemikalien in Pulverform montiert. Betreiber war der weltweit agierende Chemiekonzern DuPont mit Hauptquartier in Wilmington, Delaware.

GMC AF COE Cab Chassis

Dieser GMC-Truck von 1940 trug das Namenskürzel AF, wobei A für das Modelljahr 1940 stand und F für die Cab-Over-Engine-Ausführung. Der hier abgebildete AF wurde von einem Benzinmotor angetrieben, möglicherweise dem „361", einem 5,9-Liter-Reihensechszylinder mit 136 PS. Es waren allerdings auch größere und leistungsstärkere Motoren mit bis zu 7,8 Liter Hubraum und 154 PS verfügbar.

Land	USA
Baujahr	1948
Motor-Bauart	Sechszylinder-Reihenmotor, Benzin
Lage	Front
Antrieb	Heck
Hubraum (ccm)	4064
Leistung (PS)	100

Die stilistische Verwandtschaft dieses 1948er GMC-Modells zu seinem Konzernbruder Chevrolet (siehe S. 13) ist offenkundig, lediglich das Kühlergesicht verlieh den Parallelmodellen ihre Individualität.

GMC FF-351 COE Cab Chassis

Während des Modelljahres 1947 lancierte General Motors seine völlig neu gestalteten Trucks mit dem sogenannten Advance Design. Der hier verbaute 4,1-Liter-Sechszylinder entstammte der von GMC weiterentwickelten Motorenfamilie von Buick und hatte im Gegensatz zu den meisten Motoren jener Zeit OHV-Technik, also hängende Ventile. Diese Benzinmotoren wurden von 1939 bis 1959 gebaut und mit Hubräumen von 3,7 bis zu beachtlichen 8,2 Liter angeboten. Die von der Vorgängergeneration bekannten Dieselmotoren blieben im Angebot.

Der hier mitsamt seiner Fahrer abgebildete DR-70 war einer von vielen durch die Decatur Cartage Company eingesetzten International Harvester Trucks. Das in Illinois tätige Unternehmen arbeitete eng mit dem ebenfalls in Chicago ansässigen Hersteller zusammen und verfügte über einen großzügig ausgestatteten Harvester-Fuhrpark.

International Harvester Model DR-70

Die International Harvester Company war ein traditionsreicher Hersteller vor allem von Landmaschinen, aber auch von Automobilen und bestand von 1902 bis 1985. Dazu gehörten auch Lastwagen im mittelschweren und schweren Bereich, hier repräsentiert durch diesen 1937er DR-70, der als Zugmaschine für ein Transportunternehmen eingesetzt wurde. Der DR-70 wurde mit Radständen von 3785, 4089, 4547 und bemerkenswerten 5004 mm angeboten. Das Fahrzeug konnte damit – ohne Anhänger – eine Gesamtlänge von bis zu 7,72 Metern erreichen. Ein 6,6-Liter-Reihensechszylinder mit 114 PS sorgte für den Vortrieb, ein Fünfgang-Schaltgetriebe für die Kraftübertragung. Das zulässige maximale Gesamtgewicht des DR-70 betrug 15.500 pounds = 7037 kg.

Land	USA
Baujahr	1937
Motor-Bauart	Benzin
Lage	Front
Antrieb	Heck
Hubraum (ccm)	6570
Leistung (PS)	114

Ohne Ladung erreichte der Motorlastwagen eine Höchstgeschwindigkeit von 12 km/h, mit Ladung war man als Fußgänger meist schneller unterwegs. Dieses Fahrzeug führt dem Betrachter die bescheidenen Anfänge des Automobils vor Augen und die gewaltigen Fortschritte, die innerhalb eines guten Jahrhunderts gemacht wurden.

Daimler Lastwagen

Ein Buch über Lastwagen ohne die Einbeziehung von Mercedes-Benz bzw. Daimler-Benz wäre schlicht undenkbar. Deutschlands ältester Autohersteller besitzt ein gut ausgestattetes Museum, zu dessen Exponaten auch dieses Modell gehört, der älteste noch existierende Lastkraftwagen der Welt, ein Daimler-Motorlastwagen von 1898. Sein mittig eingebauter 1,5-Liter-Zweizylinder gab nicht einmal 6 Pferdestärken ab, die über Antriebsriemen auf die Hinterräder übertragen wurden. Dennoch konnte dieser Lkw bis zu 1,25 Tonnen Nutzlast befördern, beispielsweise 12 Bierfässer á 60 Liter Inhalt.

Land	Deutschland
Baujahr	1898
Motor-Bauart	Zweizylinder-Reihenmotor, Benzin
Lage	Mitte
Antrieb	Heck
Hubraum (ccm)	1527
Leistung (PS)	5,6

Land	Deutschland
Baujahr	1899
Motor-Bauart	Zwei- oder Vierzylinder-Reihenmotor, Benzin
Lage	Front
Antrieb	Heck
Hubraum (ccm)	k.A.
Leistung (PS)	4-12

Recht modern war auch die Lenkung des Kardan-Lkw: Statt mit den damals üblichen Ketten arbeitete sie mit einem Lenkgetriebe, wie es im Prinzip auch heute noch Verwendung findet.

Daimler Kardan-Lastwagen

Am 11. März 1899 trat dieser Kardan-Lastwagen seinen Dienst bei den Städtischen Wasserwerken Stuttgart an. Auf der Ladefläche befand sich eine Vorrichtung zum Schneiden von Rohren und Gewinden, passend zum Einsatzzweck. Der Motor, wahlweise mit zwei oder vier Zylindern, war oberhalb der Vorderachse eingebaut. Die Übertragung von 4 bis 12 PS je nach Motorisierung erfolgte über Ritzel in den Hinterrädern, wo auch die einzigen Bremsen am Fahrzeug installiert waren. Ein solcher Liefer- und Geschäftswagen, so die offizielle Bezeichnung, war für Nutzlasten von 1,5 bis 5 Tonnen zugelassen.

Land	Deutschland
Baujahr	1923
Motor-Bauart	Vierzylinder-Reihenmotor, Diesel
Lage	Front
Antrieb	Heck
Hubraum (ccm)	8836
Leistung (PS)	50

Der 1933, zehn Jahre nach seinem Baujahr aufgenommene 5k5-Lkw war für eine Nutzlast von fünf Tonnen ausgelegt.

Mercedes-Benz 5K5 Diesel

1923 war es, als Benz & Cie. (die Fusion von Daimler und Benz zu Daimler-Benz erfolgte erst 1926) den ersten Diesel-Lkw der Welt vorstellte. Rudolf Diesels Erfindung aus dem Jahr 1897 brauchte einige Zeit, um sich durchzusetzen, selbst im Nutzfahrzeugbereich. Im Modell 5K5 von 1923 arbeitete ein hubraumstarker 8,8-Liter-Vierzylinder mit 50 PS, werksintern als OB-2 bezeichnet. Das wichtigste Verkaufsargument für den Diesel war bereits damals der im Vergleich zum Benziner geringere Kraftstoffverbrauch: Im Versuchsbetrieb schluckte der OB-2 etwa 25 Prozent weniger als ein Benzinmotor mit gleicher Leistung.

Während die charakteristische lange Motorhaube dieses Modells über die gesamte Bauzeit erhalten blieb, wurde das hier gezeigte eckige Fahrerhaus im Jahre 1938 durch eine abgerundete Fahrerkabine aus Stahlblech ersetzt.

Land	Deutschland
Baujahr	1935-1940
Motor-Bauart	Sechszylinder-Reihenmotor, Diesel
Lage	Front
Antrieb	Heck
Hubraum (ccm)	10.280-12.517
Leistung (PS)	120-150

Mercedes-Benz L 6500

Um ein möglichst breites Spektrum des Lastkraftwagenmarktes abdecken zu können, baute Mercedes-Benz schon früh Fahrzeuge mit Nutzlasten von bis zu zehn Tonnen. Ein charakteristisches Beispiel dafür war der hier abgebildete Mercedes-Benz L 6500, der von 1935–40 im Mercedes-Benz-Werk in Gaggenau gebaut wurde. Bei einer maximalen Nutzlast von sieben Tonnen benötigte der L 6500 durchzugsstarke Motoren, namentlich sechszylindrige Diesel mit sage und schreibe 10,3 bis 12,5 Liter Hubraum, die zwischen 120 und 150 PS abgaben. Damit erreichte der ohne Anhänger 9,45 m lange Laster je nach Ausführung eine Höchstgeschwindigkeit von 60–75 km/h.

Im Bedarfsfall konnten die beiden geteilten Pritschen des Meiller-Zweiseitenkippers beidseitig ihren Inhalt, üblicherweise Splitt, auf die Fahrbahn abklppen.

Land	Deutschland
Baujahr	1933-1952
Motor-Bauart	Sechszylinder-Reihenmotor, Diesel
Lage	Front
Antrieb	Heck
Hubraum (ccm)	12.520
Leistung (PS)	150

Mercedes-Benz LK 10000

Der absolute Schwergewichtler unter den Mercedes-Benz-Lkw der Vorkriegsjahre war der LK 10000, so bezeichnet wegen seiner Nutzlast von bis zu zehn Tonnen. Gebaut von 1935–39, wurde der werksintern als Typ N 56 bezeichnete Truck für eine Vielzahl von Aufgaben eingesetzt. Hier trägt er im Auftrag des Reichsautobahn-Winterdienstes hinter der Fahrerkabine einen Meiller-Zweiseitenkipper mit geteilter Pritsche.

Anders als der hier abgebildete Vertreter des L 3000, waren Militärausführungen auch mit Allradantrieb ausgestattet und trugen die Bezeichnung L 3000 A.

Land	Deutschland
Baujahr	1938-1944
Motor-Bauart	Sechszylinder-Reihenmotor, Diesel
Lage	Front
Antrieb	Heck
Hubraum (ccm)	4849
Leistung (PS)	75

Mercedes-Benz L 3000

Ein anderer populärer Mercedes-Benz-Lkw der Vorkriegszeit war der L 3000, der von 1938 bis 1944 gebaut wurde und sowohl im zivilen als auch im militärischen Bereich eingesetzt wurde. Der Radstand des L 3000, der mit unterschiedlichen Aufbauten geliefert werden konnte, betrug 3800 mm, die Gesamtlänge des Fahrzeugs lag bei 6,25 m. Der Haubenlenker-Lkw, dessen Bezeichnung „3000" auf die Nutzlast von drei Tonnen hinwies, wurde von einem Vorkammer-Dieselmotor mit der werksinternen Bezeichnung OM 65/4 angetrieben, der bei 4,8 Liter Hubraum 75 PS leistete. Die Kraftübertragung erfolgte mittels eines Fünfgang-Schaltgetriebes auf die Hinterräder.

Das Fahrgestell des L 5000 konnte ohne Änderungen dank eines verfügbaren Nebenantriebs auch Sonderaufbauten für die Bauwirtschaft, wie abgebildet etwa einen Kipper, für die Abfallwirtschaft (Müllwagen, Fäkalientransport), oder die Feuerwehr (Drehleitern oder Spritzen) tragen.

Land	Deutschland
Baujahr	1949
Motor-Bauart	Sechszylinder-Reihenmotor, Diesel
Lage	Front
Antrieb	Heck
Hubraum (ccm)	7274
Leistung (PS)	120

Mercedes-Benz L 5000

Eine Weiterentwicklung des von 1939–45 produzierten L 4500 war der im Dezember 1948 vorgestellte Typ L 5000, ausgelegt für eine Nutzlast von fünf Tonnen. Äußerlich praktisch ununterscheidbar von seinem Vorgänger, werkelte unter der Haube des L 5000 auch weiterhin der seit Jahren bewährte OM 67, ein Vorkammerdiesel mit 7,3 Liter Hubraum und 120 PS, gekoppelt an ein Fünfgang-Schaltgetriebe. Die erreichbare Höchstgeschwindigkeit des (mit Aufbau) acht Meter langen Lasters lag bei 62 km/h. Der lange Radstand von 4600 mm erlaubte es, eine Ladepritsche von 5000 mm Länge, 2300 mm Breite und 600 mm Höhe aufzusetzen.

Vor einen Anhängerschlitten gespannt erleichterte dieser Volvo Serie 1 Ende der 1920er Jahre den Holztransport.

Land	Schweden
Baujahr	1928
Motor-Bauart	Vierzylinder-Reihenmotor, Benzin
Lage	Front
Antrieb	Heck
Hubraum (ccm)	k.A.
Leistung (PS)	28

Volvo Serie 1

Im Truck-Universum genießt die schwedische Traditionsmarke Volvo bis heute einen guten Ruf. Einer der Gründe dafür war der hier abgebildete Laster mit der schlichten Werksbezeichnung Serie 1 aus dem Jahr 1928. Volvo hatte erst im Jahr zuvor überhaupt damit begonnen, Fahrzeuge zu produzieren, doch bereits im Februar 1928 lief der allererste Lastwagen der Marke im Werk Göteborg, wo auch die Volvo-Pkw gebaut wurden, vom Band. Der Serie 1 hatte einen kleinen Vierzylinder-Benzinmotor, der bescheidene 28 PS mithilfe eines Dreigang-Schaltgetriebes abgab und damit eine Höchstgeschwindigkeit von 40–50 km/h erreichte – ohne Zuladung von maximal 1.500 kg. Der Käufer erhielt üblicherweise ein „rolling chassis", also einen Chassisrahmen mit komplettem Fahrwerk, Motor und Antriebsstrang, aber ohne Fahrerkabine. Die wurde auf Wunsch von einem unabhängigen Karosseriehersteller geliefert und ab Werk verbaut, alternativ konnte der Kunde auch einen der vielen anderen lokalen Nachrüster mit einem maßgeschneiderten Aufbau beauftragen.

Der Reihensechszylinder des LV 82 wurde vom Motorenhersteller AB Pentaverken geliefert, einer Volvo-Tochter seit 1931.

Land	Schweden
Baujahr	1935
Motor-Bauart	Sechszylinder-Reihenmotor, Benzin
Lage	Front
Antrieb	Heck
Hubraum (ccm)	3670
Leistung (PS)	75

Volvo LV 82

1935, also nur sieben Jahre nach der Lancierung des ersten Modells präsentierten sich Volvos Lastwagen optisch und technisch auf einem deutlich höheren Niveau, das sich mit den Lkw der ausländischen Konkurrenz durchaus messen konnte. Ein Beispiel dafür war der hier abgebildete LV 82, der zur Baureihe LV 80 der mittelschweren Volvo-Trucks gehörte und für Gesamtgewichte bis zu 5,5 Tonnen ausgelegt war. Angetrieben wurde er von einem seitengesteuerten Reihensechszylinder, der mit einem Viergang-Schaltgetriebe verbunden war. Ergänzend zum LV 80 gab es noch die etwas größere Baureihe LV 90 mit längerem Radstand (4,7 statt 3,4 m), höherer Zuladung (bis 7 Tonnen) und einem 4,1-Liter-Sechszylinder mit bis zu 90 PS. LV 80/90-Trucks wurden von 1935 bis 1940 gebaut.

Hier zu sehen ist ein LV 150 aus dem Jahr 1947 bei einer Arbeit, die man unweigerlich mit Schweden assoziiert.

Volvo LV 150 Diesel „Rundnase“

Der Nachfolger des LV 80/90 war die im Herbst 1939 zu Beginn des Zweiten Weltkriegs (an dem das neutrale Schweden nicht teilnahm) vorgestellte sogenannte „Rundnase“ – wegen ihres charakteristischen abgerundeten Kühlers. Die offiziellen Modellbezeichnungen lauteten LV 120–154 in den 1940er Jahren, LV 221–249 in den 1950ern. Die LV 150 waren die ersten Volvo-Lkw, die mit einem Dieselmotor ausgestattet wurden, nämlich Volvos eigenem VDA Vorkammer-Diesel, der in diesem Fall bei 6,1 Liter Hubraum 95 PS leistete. Der VDA wurde 1950 durch den gleich großen VDC ersetzt, der über eine Direkteinspritzung verfügte und 100 PS abgab.

Land	Schweden
Baujahr	1947
Motor-Bauart	Sechszylinder-Reihenmotor, Diesel
Lage	Front
Antrieb	Heck
Hubraum (ccm)	6126
Leistung (PS)	95

Diese Aufnahme aus dem Jahr 1949 zeigt einen Volvo LV 290 im Einsatz als Milchtransporter für die Lantbrukarnas Mjölkcentral (LMC), heute ein Teil von Arla Foods.

Land	Schweden
Baujahr	1949
Motor-Bauart	Sechszylinder-Reihenmotor, Diesel
Lage	Front
Antrieb	Heck
Hubraum (ccm)	8740
Leistung (PS)	130

Volvo Dreiachser Diesel Milchtransporter

Die bereits 1937 vorgestellten und bis 1951 gebauten LV 290–93 waren Volvos Lastkraftwagen-Angebot für den Schwerlastbereich bis zu 16 Tonnen Gesamtgewicht. Nachdem sie ursprünglich nur mit Benzin- oder Hesselman-Motoren (ein nach seinem Erfinder Johan Hesselman benannter Benzin/Diesel-Hybrid) ausgestattet waren, liefen sie ab 1947 ausschließlich mit Dieselaggregaten. Dieses 1949er Modell verwendete einen Vorkammer-Diesel, der 1951 durch einen Direkteinspritzer mit 9,6 Liter Hubraum und 150 PS ersetzt wurde.

Wirtschaftswunder allenthalben – Die 1950er und 1960er Jahre

In unserer von Krisen und Kriegen gebeutelten Gegenwart sehnen sich viele Menschen zurück in die vielbeschworene „gute alte Zeit". Da stellt sich die Frage, wann genau das eigentlich gewesen sein soll und was so gut daran war. Aus heutiger Sicht erscheinen so manchem die 1950er und 60er Jahre als ebendiese Zeit, auch – oder vielleicht gerade – vielen Menschen, die diese Zeit selbst gar nicht erlebt haben. Zeitgenossen empfanden allerdings die 50er und 60er keineswegs als so idyllisch, wie sie im Rückblick erscheinen. Es war eine Zeit, in der das Versprechen von immer mehr Wohlstand für alle noch nicht hinterfragt wurde und der Preis, den es dafür zu bezahlen galt, noch nicht erkennbar war. Richtig ist jedoch, dass diese beiden Jahrzehnte von einem anhaltenden, nur durch kurze Rezessionen unterbrochenen Wirtschaftswachstum gekennzeichnet waren und einem damit verbundenen Anstieg an Lebensqualität, zumindest in materieller Hinsicht. Das betraf nicht nur das vom Krieg verwüstete Europa, das wieder aufgebaut werden musste, sondern auch die USA, Kanada oder Australien, die der Zweite Weltkrieg weitgehend verschont hatte. Eine stetig wachsende Auswahl an Konsumgütern traf auf ein kaufwilliges Publikum, das bereit war für das gute Leben. All diese Konsumgüter mussten von den Fabriken zu den Verbrauchern gelangen und so wuchs auch die Logistikbranche und mit ihr die Zahl und Leistungsfähigkeit der Lastwagen, die die begehrten Waren von A nach B transportierten. Die vielen Lkw trugen maßgeblich zum deutschen Wirtschaftswunder bei und in den USA wurde ein ganzes Netz von transkontinentalen Highways gebaut, damit die Trucks schneller von New York nach San Francisco oder von Chicago nach Houston gelangten. Menschen zogen aus den großen Städten in die neuen Vorstädte, die logistisch erschlossen werden mussten, wodurch wiederum mehr Lastwagen benötigt wurden. Die automobilzentrierte Welt, wie wir sie heute kennen, in der „Boomer" wie der Autor dieser Zeilen aufwuchsen, hatte ihren Ursprung in den 1950er und 1960er Jahren. Werfen wir mal einen Blick darauf …

Im Jahr 1950 eröffnete DAF eine erste Lkw-Fabrik in Eindhoven, in der zu Beginn 10–12 Fahrzeuge pro Woche montiert werden konnten. In den Folgejahren wurden hier die Grundsteine für eine bis heute anhaltende erfolgreiche Karriere des Lkw-Herstellers gelegt.

Seltener Fund: Einer von 50 gefertigten 12000 U im beachtenswert guten Zustand, abgelichtet im Jahr 2014 auf der IAA Nutzfahrzeuge in Hannover.

Land	Deutschland
Baujahr	1953
Motor-Bauart	Sechszylinder-Reihenmotor, Diesel
Lage	Unterflur
Antrieb	Heck
Hubraum (ccm)	15.025
Leistung (PS)	200

Büssing 12000 U

Ein deutsches Schwergewicht unter den Lastkraftwagen war zweifellos der Büssing 12000 U, der von 1951 bis 1954 angeboten wurde. Mit seinem Radstand von erstaunlichen 5900 mm war der Schwerlaster aus Braunschweig 11.100 mm lang, 2.500 mm breit und 3.050 mm hoch. Bei einem Leergewicht von 11–12 Tonnen je nach Aufbau konnte er eine Nutzlast von 12–13 Tonnen tragen und war für eine gebremste Brutto-Anhängelast von bis zu 16 Tonnen zugelassen. Um eine solche Masse angemessen zu bewegen, war ein hubraumstarker Motor nötig, der unter der Ladefläche eingebaut war und so für eine ausgezeichnete Gewichtsverteilung sorgte. Bei seiner Vorstellung auf der IAA in Frankfurt 1951 hatte der Sechszylinder-Diesel des 12000 U einen Hubraum von 13 Litern und leistete 180 PS, später auf 15 Liter und 200 PS vergrößert. Damit erreichte der massige Lkw eine Höchstgeschwindigkeit von 61 km/h bei einem Normverbrauch von 32 Liter Dieselkraftstoff auf 100 Kilometer. Der Markterfolg war dem Büssing 12000 U nicht vergönnt, was sicher nicht zuletzt mit dem für damalige Verhältnisse äußerst hohen Kaufpreis von 70.000 D-Mark zu tun hatte. Weniger als 50 Exemplare wurden gebaut.

Die Aufnahme zeigt einen gut erhaltenen und merkbar gepflegten Büssing BS 16 auf einem Büssing-Treffen in Salzgitter im Jahr 2006.

Land	Deutschland
Baujahr	1967
Motor-Bauart	Sechszylinder-Reihenmotor, Diesel
Lage	Unterflur
Antrieb	Heck
Hubraum (ccm)	12.310
Leistung (PS)	240

Büssing BS 16

Ganz in der Tradition des 12000 U, aber in einer weiterentwickelten Form, stand der 1967 vorgestellte Büssing BS 16, der bis 1971 gebaut wurde. Auch dieses Modell arbeitete mit einem Unterflur-Dieselmotor mit sechs Zylindern, diesmal mit 12,3 Liter Hubraum und 240 PS.

Ab 1966 war bei Büssing der französische Industriedesigner Louis Lucien Lepoix für das Aussehen der Fahrzeuge verantwortlich. So auch beim BS 16. Beim hier gezeigten BS 16 handelt es sich bereits um ein von Lepoix gestaltetes Exemplar. Der BS 16 hatte einen Radstand von 5.250 mm, die Ladefläche hatte die Abmessungen 6.080/2.380/700 mm (Länge/Breite/Höhe). Das Leergewicht des Fahrzeugs betrug 7.720 kg, die Nutz- oder Aufliegelast war auf 8.280 kg begrenzt, das zulässige Gesamtgewicht lag bei 16 Tonnen.

Land	USA
Baujahr	1950
Motor-Bauart	Sechszylinder-Reihenmotor, Benzin
Lage	Front
Antrieb	Heck
Hubraum (ccm)	3.859
Leistung (PS)	92

Der 1950er Chevrolet COE Semi-Tractor war ein beliebter Sattelschlepper – so wurde er auch von der 1891 gegründeten und bis heute aktiven Transport- und Umzugsfirma Bekins aus Indianapolis eingesetzt.

Chevrolet COE Semi-Tractor/Trailer

Das 1947 vorgestellte „Advance Design" der Chevrolet-Trucks und ihrer GMC-Gegenstücke (dort war die Rede vom „GMC New Design") wurde auch in das neue Jahrzehnt übernommen. Hier führt es ein 1950er Chevrolet, Modell 5103, vor. Mit seinem kurzen Radstand von 2.794 mm wurde er gerne als Zugmaschine bzw. Sattelschlepper eingesetzt. 3,9 Liter Hubraum und 92 PS reichten aus für ein zulässiges Gesamtgewicht von Zugfahrzeug plus Anhänger von 7.264 kg (16.000 pounds).

Land	Niederlande
Baujahr	1957
Motor-Bauart	Sechszylinder-Reihenmotor, Benzin
Lage	Front
Antrieb	Heck
Hubraum (ccm)	4620
Leistung (PS)	102

Der hier im Eindhovener Werk gezeigte Truck (vorne) gehörte zu der neuen A12/A15-Baureihe, die auch als „Torpedo" bezeichnet wurde.

DAF A 15

Um ein breiteres Marktspektrum abdecken zu können, lancierte DAF im Jahr 1957 seinen ersten Langhauber-Lkw in Ergänzung zu den traditionellen Modellen mit Motor unter der Fahrerkabine. Die neuen Langhauber waren mit Radständen von 3,47 m bis 5,16 m verfügbar und wurden von einem 4,6-Liter-Benziner mit sechs Zylindern angetrieben, der 102 PS über ein Fünfgang-Schaltgetriebe abgab. Der A12 war für eine maximale Nutzlast von 5,5 Tonnen ausgelegt, der A15 durfte bis zu 7 Tonnen laden.

Die Überarbeitung des Fahrerhauses war bei den DAF 1100–1800 nicht nur rein kosmetischer Natur, sondern bot den Fahrern auch ein weitaus höheres Maß an Komfort.

Land	Niederlande
Baujahr	1959
Motor-Bauart	Sechszylinder-Reihenmotor, Diesel
Lage	Front
Antrieb	Heck
Hubraum (ccm)	5760
Leistung (PS)	132–165

DAF 1100/1300/1500/1600/1800

DAFs Frontlenker-Modelle, die 1955 neue Serienbezeichnungen erhalten hatten und von da als 1100–1800 vermarktet wurden, kamen 1959 in den Genuss nicht nur eines optisch überarbeiteten Fahrerhauses, sondern erhielten darüber hinaus neue Motoren. Der sogenannte DS575 war ein Sechszylinder-Turbodiesel mit knapp 5,8 Liter Hubraum, der 132 PS leistete, in einer mit Turbolader versehenen Version für den 1800 sogar 165 PS. In dieser Form wurden die DAF-Frontlenker bis 1972 gebaut.

Nicht nur die hier gezeigte Zugmaschine, sondern auch der Anhänger ist ein hauseigenes DAF-Produkt, der sogenannte Eurotrailer.

Land	Niederlande
Baujahr	1962
Motor-Bauart	Sechszylinder-Reihenmotor, Diesel
Lage	Front
Antrieb	Heck
Hubraum (ccm)	11.143
Leistung (PS)	210

DAF 2600

Es war 1962, als DAF seine Serie 2600 vorstellte – ein Schwerlaster, der von Grund auf neu entwickelt worden war und keine Gemeinsamkeiten mit anderen DAF-Lkw aufwies. Das kubisch geformte Fahrerhaus bot maximale Raumnutzung (mit zwei Schlafgelegenheiten hinter den beiden Sitzen) ohne ausladende Außenabmessungen; ein kritischer Punkt zu einer Zeit, in der Lastkraftwagen europaweit in ihrer Länge beschränkt wurden. Die Kraftquelle des 2600 war der P680-Sechszylinder-Diesel von Leyland, den DAF zunächst direkt aus Großbritannien bezog, später im eigenen Motorenwerk in Lizenz baute. Bis heute sind alle DAF-Diesel Abkömmlinge von Leyland-Motoren. Die Übertragung der 210 PS des 11,2-Liter-Motors besorgte ein Sechsgang-Schaltgetriebe von ZF (Zahnradfabrik Friedrichshafen).

Eine Besonderheit dieser von 1960–76 gebauten Laster waren die nach außen schwenkbaren Kotflügel, die, zusammen mit der im Winkel von 90 Grad nach oben aufstellbaren Motorhaube, den Wartungsmechanikern einzigartigen Zugang zum Motorraum ermöglichten.

Land	USA
Baujahr	1960
Motor-Bauart	V8-Motor, Benzin
Lage	Front
Antrieb	Heck
Hubraum (ccm)	6768
Leistung (PS)	217

Dodge C 900

Der hier abgebildete Dodge C 900 von 1960 gehörte zur sogenannten LCF (Low Cab Forward)-Familie von Trucks im schweren und mittelschweren Gewichtsbereich. Aus der Modellbezeichnung C 900 geht hervor, dass das gezeigte Fahrzeug mit einem Benzinmotor (Kürzel „C") ausgestattet war, Diesel trugen die Kürzel PC, CN oder CV. Die Zahl 900 steht für die Klasse bis 55.000 pounds = 24.970 kg. Alle Benziner hatten V8-Motoren, in diesem Fall den werkseigenen 6,8-Liter, es wurden allerdings auch Motoren von International Harvester verbaut. Die Dieselaggregate stammten von Perkins, Cummins, Caterpillar und der GM-Tochter Detroit Diesel.

Der hier abgebildete Dodge NCT 1000 war für die in Omaha ansässige Watson Bros. Transportation Co. Inc. vor allem zwischen New York und Omaha, Nebraska unterwegs.

Land	USA
Baujahr	1961
Motor-Bauart	Sechszylinder-Reihenmotor, Diesel
Lage	Front
Antrieb	Heck
Hubraum (ccm)	12.175
Leistung (PS)	220

Dodge NCT 1000

Ebenfalls zur LCF-Familie gehörte dieser 1961er NCT 1000. Das „T" steht für die hintere Tandemachse, natürlich mit Doppelbereifung, die Zahl 1000 für die Gewichtsklasse: 53.000 pounds (24.062 kg) maximales Fahrzeuggewicht, 76.800 pounds (34.867 kg) zulässiges Gesamtgewicht, also mit Nutzlast. Damit dieser gewaltige Truck auch vorankam, war er serienmäßig mit einem 12,1 Liter großen und 220 PS starken Saugdiesel des renommierten US-Herstellers Cummins ausgestattet, eines 1919 gegründeten Unternehmens mit Hauptquartier in Columbus, Indiana, das bis heute Dodge bzw. die Nachfolgemarke Ram und andere mit seinen robusten Dieselmotoren beliefert. Die Kraftübertragung war einem Fünfgang-Schaltgetriebe der ebenfalls traditionsreichen Firma Spicer anvertraut. Die LCF-Trucks wurden in den USA bis 1976 gebaut, in Südamerika noch bis in die 1980er Jahre.

Der C-800 wurde gerne als Zugmaschine verwendet, hier für einen weiteren Fruehauf-Trailer.

Land	USA
Baujahr	1953
Motor-Bauart	V8-Motor, Benzin
Lage	Front
Antrieb	Heck
Hubraum (ccm)	5195
Leistung (PS)	155

Ford C-800 Cab Forward Truck

In brandneuem Design präsentierten sich die Ford-Lkw aller Gewichtsklassen im Jahr 1953. Wie in der Vergangenheit gab es sowohl Langhauber und Frontlenker, wie den hier gezeigten C-800, der zur sogenannten Cab Forward-Klasse der Ford Trucks gehörte. Verfügbar mit Radständen von 2.946 (wie abgebildet), 3.353 und 3.962 mm, war der C-800 für ein maximales Gesamtgewicht bis 21.792 kg zugelassen. Stolz prangte ein V8-Symbol auf dem Kühlergesicht, womit der „Cargo King“ gemeint war, ein 5,2-Liter-OHV-Achtzylinder, also mit hängenden Ventilen, den sich Ford von der konzerneigenen Pkw-Luxusmarke Lincoln ausborgte, im C-800 lediglich um 5 PS gegenüber den Oberklasse-Straßenkreuzern gedrosselt, im Schwestermodell C-750 um 10 PS. In den leichteren Versionen der Cab Forward-Serie namens C-500 und C-600 arbeitete noch immer Fords Flathead-V8 mit 3,9 Liter Hubraum und 106 PS.

In der Ausführung mit einem Radstand von 3.962 mm wurde dieser T-900 als Sattelschlepper vor dem Ford-Werk in Dearborn abgelichtet. Der hinter dem Fahrerhaus zu sehende zylindrische Tank des Lkw fasste 60 US-Gallonen Benzin, was in etwa 227 Litern entspricht. Wem das nicht genügte, dem standen darüber hinaus gegen Aufpreis zwei Satteltanks mit zusammen 125 Gallonen Füllmenge zur Wahl.

Land	USA
Baujahr	1958
Motor-Bauart	V8-Motor, Benzin
Lage	Front
Antrieb	Heck
Hubraum (ccm)	6571
Leistung (PS)	226

Der T-900 in der Ausführung mit Tandemachse. Gut zu erkennen ist der seitlich am Chassisrahmen angebrachte Benzintank, der in der hier gezeigten Standardausführung gerade einmal 18 Gallonen (ca. 68 l.) fasste. Ebenfalls zu sehen ist der mächtige Rahmen, auf dem das Fahrerhaus ruht und der Motor und Antriebsstrang trägt. Für Detailfreaks: Der Stahl des Rahmens hatte eine Wandstärke von 0,9525 cm.

Ford T-900 Tractor/Trailer

In der sogenannten Extra Heavy Duty-Klasse bis 75.000 pounds (34.050 kg) zulässigen Gesamtgewichts war der hier zu sehende Ford T-900 aus dem Jahr 1958 angesiedelt. Der T-900 war aber in Ausführungen mit 3.962 mm, 4.445 mm und 4.877 mm Radstand erhältlich. In der Grundausstattung wurde ein 6,6-Liter-V8-Benziner mit 226 PS verbaut, auf Wunsch waren jedoch noch zwei weitere Versionen dieses leistungs- und drehmomentstarken V8 zu haben, eine mit 7,8 Liter Hubraum und 260 PS und schließlich mit 8,7-Liter Hubraum und 277 PS, beide jedoch nur bestimmt für T-900 mit Tandem-Hinterachse. Ein Fünfgang-Schaltgetriebe übertrug die Motorkraft auf die Hinterräder, ein Nebenantrieb war ein aufpreispflichtiges Extra.

Land	USA
Baujahr	1959
Motor-Bauart	V8-Motor, Benzin
Lage	Front
Antrieb	Heck
Hubraum (ccm)	4949
Leistung (PS)	196

Als aufpreispflichtiges Upgrade konnte der C-750 auch mit 5,4-Liter-V8 mit 212 PS bestellt werden. Der hier gezeigte Lkw mit Kastenaufbau kam in der Standardversion mit seinen 4,9 Litern Hubraum auf 196 PS.

Ford C-750 Chassis Cab

Ergänzend zu ihren konventionellen Langhaubern bot die Ford Motor Company auch im Jahr 1959 ihre „Tilt Cab"-Modelle mit dem Kürzel „C" an, deren Fahrerkabinen komplett nach vorne gekippt werden konnten, wenn Wartung oder Reparaturen anstanden. Verfügbar in den Zuladungsklassen C-550 bis C-1100 von 13,8 bis 34 Tonnen zulässigem Gesamtgewicht und Radständen von 2.514 bis 3.886 mm, mit oder ohne Tandemachse und V8-Motoren von 186 bis 277 PS, bot die C-Serie so ziemlich jedem Kunden etwas. Hier haben wir es mit einem kurzen C-750 mit Kastenaufbau zu tun, der serienmäßig von einem 4,9-Liter-V8 mit 196 PS angetrieben wurde.

Land	USA
Baujahr	1959
Motor-Bauart	V8-Motor, Benzin
Lage	Front
Antrieb	Heck
Hubraum (ccm)	5440
Leistung (PS)	212

Wem der Truck mit seinem 3.353-mm-Radstand zu kurz war, der konnte aus vier längeren Versionen bis zu 4.877 mm Radstand auswählen.

Ford F-800 Dump Truck

Eher konventionell zeigte sich dieser Ford F-800 Kipplaster von 1959. Zugelassen für eine Zuladung von 25.000 pounds = 11.350 kg, war der F-800 ausschließlich mit Fords 5,4-Liter-V8 erhältlich, der 212 PS leistete. Bei der Kraftübertragung hatte der Kunde die Qual der Wahl: Er konnte das serienmäßige Fünfgang-Schaltgetriebe beibehalten, das Roadranger-Getriebe mit acht Gängen wählen oder sich für Transmatic Drive entscheiden, ein vollautomatisches Getriebe mit sechs Vorwärtsgängen. Auch der F-800 konnte den unterschiedlichsten Bedürfnissen der Kundschaft angepasst werden.

Land	USA
Baujahr	1963
Motor-Bauart	V6-Motor, Diesel
Lage	Front
Antrieb	Heck
Hubraum (ccm)	9635
Leistung (PS)	200

Anhand des im Kühlergrill angebrachten Schriftzugs lässt sich dieser N-850 als Modell mit Dieselmotor identifizieren, der von der Firma Cummins geliefert wurde.

Ford N-950-D

Als ob Fords Truck-Angebot nicht schon breit genug gewesen wäre, fügte das Unternehmen seiner Modellpalette im Jahr 1963 noch die sogenannte N-Series hinzu, hier verkörpert durch einen N-850. Die Besonderheit dieser neuen Serie war die kurze Motorhaube, dank der sich die N-Lkw längenmäßig genau zwischen den Tilt Cabs der C-Serie und den konventionellen Trucks der F- und der T-Serie einfügten. Der 9,6 Liter große V6 leistete 200 PS, für noch schwerere Modelle wie den NT-950-D mit Tandemachse oder den N-1000 bzw. N-1100 gab es darüber hinaus Reihensechszylinder-Diesel mit bis zu 14 Liter Hubraum und 250 PS oder V8-Benziner mit maximal 8,7 Liter Hubraum und 266 PS. In Summe bot Ford 1963 mehr als 1.000 Modellkombinationen seiner diversen Truck-Serien an.

Land	USA
Baujahr	1963
Motor-Bauart	Sechszylinder-Reihenmotor, Diesel
Lage	Front
Antrieb	Heck
Hubraum (ccm)	4408
Leistung (PS)	112

Auf Wunsch gab es den N-6000 auch mit Servolenkung, die vor allem Lieferwagenfahrer im Stadtverkehr zweifellos zu schätzen wussten

Ford N-6000 Diesel

Dieser Truck der N-Series wurde 1963 von Ford als „City-Size“ vermarktet. Erhältlich als N-6000 und C-7000, gab es ihn mit vor Radständen von 99, 111, 135 und 153 Zoll (1 Zoll = 25,4 mm) und einem maximalen Fahrzeuggewicht (ohne Zuladung) von 11,3 Tonnen. Unter der kurzen Haube arbeitete grundsätzlich ein Reihensechszylinder-Diesel, der 112 PS leistete, gekoppelt an ein Fünfgang-Schaltgetriebe.

Unterhalb der Beifahrertür befindet sich bei diesem T-950 der sogenannte Step-Tank. Sein Gegenstück befindet sich auf der Fahrerseite. Diese optionalen Tanks dienten zugleich als Vorratsspeicher für Kraftstoff und als Einstiegshilfe in das Fahrerhaus. Die Tanks fassten zusammen 120 Gallonen Treibstoff, also ca. 454 Liter.

Land	USA
Baujahr	1963
Motor-Bauart	V8-Motor, Benzin
Lage	Front
Antrieb	Heck
Hubraum (ccm)	6571
Leistung (PS)	226

Ford T-950 Super Duty Tandem Truck

Der T-Series, Fords konventionell ausgelegter Modellreihe von Langhaubern, gehörte dieser 1963er T-950 Super Duty mit Tandemachse an. Ausgelegt bis 75.000 pounds (34 Tonnen) Gesamtgewicht und mit einem Radstand von 158 Zoll (außerdem mit 176, 194 und 212 Zoll erhältlich), konnte der T-950 mit einer breiten Auswahl von Motoren ausgestattet werden: beginnend mit einem 6,6-Liter-V8 (226 PS), Serienausstattung in den Benzinmodellen, bis hin zum 8,7-Liter-V8 mit 266 PS. Der abgebildete Truck ist ein Benziner, da er keinen „Diesel"-Schriftzug trägt. Wer seinen T-950 mit Selbstzünder haben wollte, erhielt immer den von Cummins gefertigten V6 mit 200 PS.

Bei dieser Ausführung des aufgrund seiner an eine Pappschachtel für Cracker erinnernden eckigen Fahrerkabine von Zeitgenossen oft als „Crackerbox" bezeichneten W-1000 wurde das sogenannte Day-Cab ohne Schlafstätte verbaut. Die Fahrerkabine war gerade einmal 1.321 mm lang.

Ebenfalls mit Day-Cab, aber mit Tandemachse präsentiert sich diese Ausführung des mit 18 verschiedenen Motorisierungen erhältlichen W-1000.

Land	USA
Baujahr	1967
Motor-Bauart	Sechszylinder-Reihenmotor, Diesel
Lage	Front
Antrieb	Heck
Hubraum (ccm)	12.175
Leistung (PS)	195

Ford W-1000 Heavy Truck

Die Geschichte der amerikanischen Ford-Trucks wäre für sich allein ein ganzes Buch wert, aber hier müssen wir uns auf einzelne signifikante Modelle wie etwa den hier abgebildeten 1967er W-1000 beschränken. Der Frontlenker mit der eckigen Karosserie war der Nachfolger der ähnlich gestalteten H-Serie, die von 1961–65 gebaut worden war. Der W-1000 wurde mit 1.321 mm kurzem Cab ohne Schlafkabine und mit 2.083 mm langem Cab mit Schlafplatz hinter den Vordersitzen angeboten. Zugelassen für ein Gesamtgewicht von bis zu 80.000 pounds = 36.320 kg, wurde der W-1000 serienmäßig von einem 195 PS starken Cummins-Diesel mit sechs Zylindern angetrieben, dem kleinsten der verfügbaren Motoren. Neben dem 12,2-Liter-Diesel standen noch 18 weitere Motoren zu Wahl: acht Cummins-Sechszylinder mit bis zu 335 PS, zwei Cummins-V8-Diesel mit 235 und 265 PS, zwei Versionen eines 8,6-Liter-Sechszylinder-Diesels von Caterpillar mit 225 und 245 PS, drei Ausführungen des Detroit Diesel 6-71, eines Sechszylinders mit sieben Liter Hubraum und 195, 218 oder 235 PS sowie der 8V-71, ein 9,3 Liter großer Diesel-V8 des gleichen Herstellers in Ausführungen mit 260, 290 und 318 PS. Ein Fünfgang-Schaltgetriebe war Serienausstattung, es gab aber auch optionale 10- und 15-Gang-Schaltungen.

Bei identischer maximaler Zuladung ruhte der Einachser serienmäßig auf einem 2.743-mm-Radstand, während der Doppelachser auf 3.607 mm kam; weitere Radstandsausführungen waren erhältlich. Aus dem Vollen schöpfen konnten Käufer der W-Serie auch bei der Motorenauswahl.

Land	USA
Baujahr	1968
Motor-Bauart	V8-Motor, Benzin
Lage	Front
Antrieb	Heck
Hubraum (ccm)	5408
Leistung (PS)	190

Optisch kaum verändert war Fords N-Serie auch im Jahr 1968, fünf Jahre nach Einführung der Modellreihe, noch ein beliebtes Produkt der breiten Palette des Herstellers, das Ford-typisch, je nach Kundenwunsch, in vielfältig verfügbaren Motorisierungen, Radständen und Getriebeausführungen angeboten wurde.

Ford N-700

Weiterhin im Ford-Programm war auch 1968 die N-Series, hier vertreten durch einen N-700 mit Benzinmotor, während die Diesel-Versionen die Bezeichnung N-7000 erhielten. Der N-700, angetrieben von einem 5,4-Liter-V8 mit 190 PS, gekoppelt mit einem Viergang-Schaltgetriebe, konnte wahlweise auch mit einem 5,9-Liter-V8 (210 PS) und/oder einem Fünfgang-Schaltgetriebe ausgestattet werden. Der fünfte Gang konnte entweder als direkt übersetzter Fahrgang oder als Schnellgang ausgelegt sein, je nach Kundenbedürfnis. Für N-Benziner mit höherem Gesamtgewicht als der 700 (19.068 kg), also N-850/950/1000, gab es V8-Motoren mit bis zu 8,7 Liter Hubraum und 266 PS, Dieselausführungen boten Sechszylinder von 5,2 bis 14 Liter Hubraum und 128 bis 250 PS.

Land	USA
Baujahr	1954
Motor-Bauart	Vierzylinder-Reihen-motor, Zweitakt-Diesel
Lage	Front
Antrieb	Heck
Hubraum (ccm)	4648
Leistung (PS)	150

Besonders an dieser Ausführung des FMC 660 ist das Hydra-Matic-Automatikgetriebe mit vier Vorwärtsgängen. In GMs Pkw seit 1940 angeboten, eroberte die Getriebeautomatik mit Flüssigkupplung nach und nach die meisten Fahrzeugreihen des Konzerns, auch die Heavy Duty Trucks.

GMC 660 Diesel Tractor HydraMatic

Unter der Haube der gerade einmal 1,83 m langen Fahrerkabine des GMC 660 steckte in der Dieselausführung der 4-71, ein vierzylindriger Selbstzünder von GMs Tochterunternehmen Detroit Diesel. Dieser modular konstruierte Zweitakter war sowohl als Reihen- als auch als V-Motor erhältlich, mit einem bis zu 24 Zylindern. Die 4 zeigte an, dass es der Vierzylinder ist, der hier arbeitete, die 71 bezog sich auf den Hubraum eines Zylinders, aufgerundet 71 Kubikzoll = 1.162 ccm. x 4 = 4.648 ccm.

Der Truck-Kunde war in diesem Fall das United States Marine Corps, das offenkundig Bedarf an drehmomentstarken Zugmaschinen für Auflieger hatte.

Land	USA
Baujahr	1968
Motor-Bauart	V8-Motor, Diesel
Lage	Front
Antrieb	Heck
Hubraum (ccm)	10.438
Leistung (PS)	195

GMC 7500 Diesel Tractor

Die Modellbezeichnung dieses GMC-Trucks aus dem Jahr 1968 lautete JJ7670A. Aufgeschlüsselt bedeutete das: J = Heavy Duty Langhauber mit 2.337 mm langer Kabine und Allradantrieb; J = GMC V8 Diesel: 7670A = Serie 7000/ Eintonner/Chassis & Cab. Bemerkenswert ist vor allem der V8 unter der Haube des Trucks, ein 10,4-Liter-Saugdiesel mit 195 PS. Diese Eigenentwicklung von GMC basierte auf dem hauseigenen V6, den die GM-Tochter 1960 vorgestellt hatte und bis 1974 baute, als Benziner und Diesel, als V6, V8 und sogar als V12. Die Dieselversionen erhielten die Bezeichnung Toro-Flow.

Dieser Truck stand in den Diensten der US Navy, wie die Aufschriften an der Fahrerkabine zeigen.

Land	USA
Baujahr	1969
Motor-Bauart	V6-Motor, Benzin
Lage	Front
Antrieb	Heck
Hubraum (ccm)	6571
Leistung (PS)	237

Diese Aufnahme aus Jahr 1969 zeigt einen GMC 7500 in Chassis & Cab-Ausführung und dahinter einen Chevrolet Titan 90. Da Chevrolet- und GMC-Trucks die gleichen Plattformen verwendeten, war es nicht unüblich, dass Modelle beider Marken in ein und derselben Fabrik montiert wurden, selbst im GMC-Stammwerk in Pontiac, Michigan.

1969 GMC 7500 COE Tractor

Die Modellbezeichnung dieses Fahrzeugs lautet TM7640A, also T = Tilt Cab (kippbares Fahrerhaus) mit 72 Zoll (1.829 mm) langer Kabine und Heckantrieb; M = GMC V6-Benziner, 7640A = Serie 7000/Eintonner/Chassis & Cab. Der GMC-V6 war in verschiedenen Hubraumgrößen verfügbar, 4.998, 5.752, 6.211, 6.571, 7.079 und 7.833 ccm. Hinzu kamen der 10,4-Liter-V8 und ein 11,5 Liter großer V12. Der 5,8-Liter- und der 7,8-Liter-V6 sowie der 10,4-Liter-V8 wurden auch als Diesel angeboten, ansonsten handelte es sich um eine große Familie von Benzinmotoren. In einem Tilt Cab-Modell dieser Klasse war zweifellos einer der größeren V6 verbaut, die 5,0-Liter und 5,8-Liter-Ausführungen wurden nur in leichteren GMC-Modellen wie den klassischen Pickup Trucks eingebaut.

Land	USA
Baujahr	1957
Motor-Bauart	Sechszylinder-Reihenmotor, Diesel
Lage	Front
Antrieb	Heck
Hubraum (ccm)	11.012
Leistung (PS)	180

Das hydraulisch kippbare Fahrerhaus dieses 1961 fotografierten IHC DCOF 405 maß gerade einmal 1.372 mm von der Stoßstange bis zu Rückwand der Kabine und bot so reichlich Platz für Sattelauflieger.

International Harvester DCOF 405

Der renommierte Landmaschinen- und Nutzfahrzeughersteller International Harvester Corporation (IHC) konkurrierte auch in den 1950er und 60er Jahren mit so mächtigen Wettbewerbern wie Chevrolet, GMC, Ford und Dodge um Anteile am umkämpften Lastkraftwagenmarkt. Zu IHCs Schwergewichten gehörte dieser DCOF 405 Cab Over mit kurzer Fahrerkabine aus dem Modelljahr 1957. Der Sechszylinder-Dieselmotor von der Firma Cummins, die auch die Konkurrenz versorgte, bot 685 Nm Drehmoment bei 1450/min, seine 180 PS lagen bei 2.100/min an. Spätere Ausführungen des DCOF 405 waren auch mit längerem „Sleeper Cab" und einem 220-PS-Diesel verfügbar.

Land	Deutschland
Baujahr	1951
Motor-Bauart	Sechszylinder-Reihenmotor, Zweitakt-Diesel
Lage	Front
Antrieb	Heck
Hubraum (ccm)	8724
Leistung (PS)	210

Da die Essener Kruppwerke auch noch längere Zeit nach dem Ende des Zweiten Weltkrieges zerstört blieben, wurde der Titan innerhalb seines ersten Produktionsjahres vor allem im Bayerischen Nürnberg gefertigt und hörte deshalb auf den Markennamen „Krupp-Südwerke“. Trotz des Umzugs der Fertigung nach Essen im Jahr 1951 hielt man bis zum Produktionsende des Titan im Jahr 1954 an dem Markennamen fest.

Krupp Titan

Krupp, ein Name, den man wohl mehr als jeden anderen mit dem Industrieland Deutschland verbindet. Neben dem geradezu sprichwörtlichen Kruppstahl war das Unternehmen auch ein dezidierter Nutzfahrzeughersteller. Unter dem Firmennamen Friedrich Krupp Motoren- und Kraftwagenfabriken GmbH baute die Tochtergesellschaft des gleichnamigen Konzerns von 1919 bis 1968 vor allem Lastkraftwagen und Omnibusse. Eines der bekanntesten Modelle war der hier gezeigte „Titan“, der von 1950–54 in einer Stückzahl von 967 Exemplaren gebaut wurde. Die Montage erfolgte bis März 1951 an drei Standorten in Bayern (Bamberg, Kulmbach und Nürnberg), danach in Essen. Der 8,71 m lange Laster hatte einen fünf Meter langen Radstand und konnte eine Nutzlast von maximal 9,3 Tonnen befördern. Die 210 PS seines 8,7-Liter-Diesels wurden mit einem ZF-Sechsganggetriebe auf die Hinterräder übertragen.

Land	Deutschland
Baujahr	1955
Motor-Bauart	Sechszylinder-Reihenmotor, Diesel
Lage	Front
Antrieb	Allrad
Hubraum (ccm)	8276
Leistung (PS)	145

Ein schwerer Laster in schwerem Gelände: Hier im Gerlinger Forst im Landkreis Ludwigsburg in Baden-Württemberg wurde 1955 der Mercedes-Benz L 6600 mit Allradantrieb erprobt.

Mercedes-Benz L 6600 Allrad

Der L 6600 war ein Schwerlaster, der 1950 vorgestellt wurde und diese Bezeichnung bis 1955 behielt; danach wurde er im Rahmen einer neuen Nomenklatur bei Mercedes als L 315 bezeichnet. Zunächst gab es den L 6600 nur mit Heckantrieb, aber ab 1953 war auch mit Allradantrieb erhältlich, von dem hier deutlich erkennbar ausgiebig Gebrauch gemacht wird. Neben der gezeigten Ausführung mit einfacher Ladepritsche gab es den L 6600 auch als Kipplaster und Zugmaschine mit Heck- und Allradantrieb. Alle Laster dieser Baureihe wurden übrigens im Mercedes-Benz-Werk in Gaggenau gebaut.

Land	Deutschland
Baujahr	1956
Motor-Bauart	Sechszylinder-Reihenmotor, Diesel
Lage	Front
Antrieb	Heck
Hubraum (ccm)	8276
Leistung (PS)	145

Der LK 315 in seinem natürlichen Habitat: Der Lkw konnte bis zu 7.775 kg Zuladung aufnehmen und wurde gerne als Transportfahrzeug im Steinbruch eingesetzt.

1956 Mercedes-Benz LK 315

LK 315 lautete die genaue Modellbezeichnung des abgebildeten schweren Mercedes-Benz-Lkw. Der Buchstabe K macht deutlich, dass es sich hier um einen Kipplaster handelte. Wie bei den meisten anderen Mercedes-Lkw gab es neben der einfachen Pritsche mit Heckantrieb namens L 315 noch andere Varianten, mit Allradantrieb, als Frontlenker, als Zugmaschine und als Sondermodell LG 315 für die Bundeswehr. Der 8,3-Liter-Saugdiesel mit dem Werkscode OM 315 (daher die neue Modellbezeichnung) verlieh dem LK 315 und seinen Verwandten eine Höchstgeschwindigkeit von heute eher bescheiden wirkenden 70 km/h. Der L 315 wurde bis 1958 gebaut.

Der LP 315 als Sattelzugmaschine im winterlichen Forsteinsatz. Um den Diesel auch bei niedrigeren Temperaturen möglichst betriebswarm halten zu können, gab es von Mercedes-Benz als Zusatzausstattung die passgenaue isolierende Abdeckung für den Kühlergrill.

Land	Deutschland
Baujahr	1957
Motor-Bauart	Sechszylinder-Reihenmotor, Diesel
Lage	Front
Antrieb	Heck
Hubraum (ccm)	8276
Leistung (PS)	145

Mercedes-Benz LP 315

Nur eine kurze Verweildauer im Lkw-Programm war der Frontlenkerausführung des L 315, dem LP 315, vergönnt, denn er wurde von 1955–57 lediglich 2.480-mal gebaut. Zum Vergleich: Der Hauben-Lkw brachte es auf 13.735 Exemplare. Dessen ungeachtet war der LP 315 der erste Mercedes-Frontlenker ab Werk. Zuvor hatte die Kundschaft auf Nachrüster zurückgreifen müssen. Das „P“ in der Modellbezeichnung stand übrigens für Pullman, ein Hinweis auf die zwei Schlafplätze hinter den Vordersitzen. Der Nachteil der Frontlenker-Konstruktion war die Tatsache, dass der Motor kräftig in den Fahrgastraum hineinragte. Da die Kabine nicht kippbar war, musste für Wartungsarbeiten die Abdeckhaube im Fahrzeuginneren hochgeklappt werden. Durchsetzen konnte sich diese Lkw-Auslegung dennoch, nicht zuletzt wegen zunehmend strenger gesetzlicher Vorschriften in Bezug auf die zulässige Länge von Lastkraftwagen in Deutschland und anderen europäischen Ländern.

Der L 325 in einer Ausführung als Zugmaschine im Innenhof des Betriebsgebäudes der 1888 gegründeten Brauerei Dinkelacker in Stuttgart. Das Unternehmen ist seit seiner Gründung bis heute an seinem Standort in der Tübinger Straße ansässig und schloss sich im Jahr 1996 mit Schwaben Bräu zusammen, deren Bier wiederum als das erste motorisiert ausgelieferte Bier Deutschlands gilt. Der Lkw stammte damals im Jahr 1891 – wie sollte es anders sein – von Daimler.

Land	Deutschland
Baujahr	1957
Motor-Bauart	Sechszylinder-Reihenmotor, Diesel
Lage	Front
Antrieb	Heck
Hubraum (ccm)	7274
Leistung (PS)	125

Mercedes-Benz L 325

Eine Nummer kleiner und leichter als der L 315 war der L 325, der von 1954–57 gebaut wurde. Zugelassen für ein maximales Gesamtgewicht von 12 Tonnen gab es den L 325 ausschließlich als heckgetriebenen Langhauber mit Pritsche, als Kipplaster und als Zugmaschine. Für solche und ähnliche Zwecke bediente sich der Benz-Truck eines 1954 vorgestellten 7,3-Liter-Motors mit dem Code OM 325, der zur OM 300-Motorenfamilie des Konzerns gehörte. Diese sechszylindrigen Saug- und später auch Turbodiesel trieben bis 1970 mittelschwere und schwere Mercedes-Benz-Lkw an und wurden in zahlreichen Ausführungen mit bis zu 11,6 Liter Hubraum und 240 PS gebaut. Im L 325 kam die kleinste Version mit 125 PS bzw. 431,5 Nm Drehmoment bei 1300/min zum Einsatz.

Land	Deutschland
Baujahr	1958
Motor-Bauart	Sechszylinder-Reihenmotor, Diesel
Lage	Front
Antrieb	Heck
Hubraum (ccm)	4580
Leistung (PS)	100

Hier ist er in der einfachsten Ausführung mit Heckantrieb, Pritsche und Durchhaltevermögen zu sehen: Sage und schreibe 300.000 gefahrene Kilometer im Dienst der schwäbischen Weinbrennerei Schwabenstreich wurden feierlich begangen und fotografisch festgehalten.

Mercedes-Benz L 311

Der Mercedes-Benz L 311 gehörte zur leichten Lkw-Gewichtsklasse und war für eine Zuladung von bis zu 3,8 Tonnen ausgelegt. Er wurde von 1949–61 gebaut, allerdings erst ab 1955 unter der Bezeichnung L 311. Drei Radstände standen zur Wahl, 3.600, 4.200 und 4.830 mm. Wem die Pritsche nicht genügte, der konnte auch den LK 311 ordern, einen Kipplaster, den LA 311 mit Allradantrieb oder die Frontlenkerausführung LP 311. Der 4,6-Liter-Saugdiesel leistete zunächst 90, ab 1956 100 PS. Ein werkseigenes Fünfganggetriebe übertrug bei allen Versionen die Motorkraft, wodurch der L 311 eine Höchstgeschwindigkeit von bis zu 92 km/h erreichte.

Land	Deutschland
Baujahr	1960
Motor-Bauart	Sechszylinder-Reihenmotor, Diesel
Lage	Front
Antrieb	Heck
Hubraum (ccm)	10.800
Leistung (PS)	200

Der aufgrund seiner doppelten Vorderachsen auf den Spitznamen „Tausendfüßler“ hörende LP 333 gilt mittlerweile als begehrtes Sammlerstück. Weltweit ist momentan lediglich ein betriebsbereites Exemplar unterwegs.

Mercedes-Benz LP 333 „Tausendfüßler“

Zweifellos ein Lastwagen der ungewöhnlichen Art war der auffällige Mercedes-Benz LP 333 mit der durchaus passenden Bezeichnung „Tausendfüßler“. Seine Existenz verdankte er Hans-Christoph Seebohm, Langzeit-Bundesverkehrsminister von 1949–66. Mit dem stetig wachsenden Lkw-Verkehr konfrontiert, führte Seebohm mit Wirkung ab 1958 Längen- und Gewichtsbeschränkungen für Lastwagen in Deutschland ein. Um 16 Tonnen schwer, aber nicht länger als 12 Meter lang sein zu dürfen, musste ein dreiachsiger Frontlenker her. Der so entstandene LP 333 wurde wie hier als Basismodell mit Pritsche oder als Zugmaschine (LPS 333) angeboten, beide mit kurzem oder mit langem Fahrerhaus (wie abgebildet) erhältlich. Bereits 1960 durften auch zweiachsige Lkw wieder 16 Tonnen schwer sein, so dass die Existenzgrundlage des LP 333 entfiel. 1961 wurde die Produktion nach nur 1.833 Exemplaren eingestellt.

Land	Deutschland
Baujahr	1963
Motor-Bauart	Sechszylinder-Reihenmotor, Diesel
Lage	Front
Antrieb	Heck
Hubraum (ccm)	10.809
Leistung (PS)	185

1963 debütierten die neuen schweren Frontlenker von Mercedes-Benz mit einer konsequent umgestalteten Fahrerkabine. Eckig statt rund war von nun an der letzte Schrei.

Mercedes-Benz LPS 1418

Die Kabinen der schweren Mercedes-Benz-Frontlenker waren ab 1963 gegenüber ihren Vorgängern etwas kürzer, was zwar der Ladefläche, aber nicht den Insassen zugutekam. Aus diesem Grund wurde nachgebessert und ab 1965 zusätzlich eine Version mit längerem Fahrerhaus angeboten. Vom Vorgänger übernommen war der fest montierte Aufbau, was die Wartung erschwerte, sich aber erst 1970 mit der Einführung einer kippbaren Kabine änderte. Hier zu sehen ist ein LPS 1418. Kurz aufgeschlüsselt: L stand für Lkw, P für Pullman-Kabine, S für Sattelzugmaschine, 14 für 14 Tonnen zulässiges Gesamtgewicht, 18 für die gerundete Motorleistung, in diesem Fall 185 PS. Der 10,8-Liter-Sechszylinder entstammte der schon erwähnten OM 300-Familie von Dieselmotoren bei Mercedes-Benz und gab in dieser Ausführung 608 Nm Drehmoment ab.

Land	Deutschland
Baujahr	1965
Motor-Bauart	Sechszylinder-Reihenmotor, Diesel
Lage	Front
Antrieb	Heck
Hubraum (ccm)	10.809
Leistung (PS)	202

Mit seinen 202 PS war der LPS 1620 bestens für den Transporteinsatz in der Forstwirtschaft gerüstet, den in diesem Fall die Spedition Rudolf Gevers, ansässig im Niedersächsischen Asendorf, übernahm.

Mercedes-Benz LPS 1620

Ein weiterer Vertreter der schweren Mercedes-Frontlenker war der LPS 1620, also gemäß der im September 1963 eingeführten Mercedes-Zahlencodes eine Sattelzugmaschine mit 16 Tonnen zulässigem Gesamtgewicht und rund 200 PS. Der OM 346-Diesel, der auch den 1418 antrieb, war übrigens ein Direkteinspritzer, leistete im 1620 allerdings 202 PS bei einem gesteigerten Drehmoment von 706 Nm.

Die Technik für den Kühlboxaufbau dieses LP 2223 (rechts) stammte von Thermo King. Der auf Kühlanlagen spezialisierte Hersteller wurde im Jahr 1961 von Westinghouse übernommen und im Jahr 1997 wieder abgestoßen. Links daneben ist übrigens ein Mercedes-Benz L 911 zu sehen, der von 1961 bis 1984 produziert wurde.

Land	Deutschland
Baujahr	1967
Motor-Bauart	Sechszylinder-Reihenmotor, Diesel
Lage	Front
Antrieb	Heck
Hubraum (ccm)	11.385
Leistung (PS)	230

Mercedes-Benz LP 2223

Noch ein schwerer Benz gefällig? Der LP 2223 wurde von 1967–69 gebaut, war ein Dreiachser und sowohl mit Heck- als auch mit Allradantrieb erhältlich. Hier ist er als Fahrgestell mit Kabine und Kühlboxaufbau zu sehen. 22 Tonnen zulässiges Gesamtgewicht, 230 PS aus 11,4 Liter Hubraum. Dazu gab es ein Sechsgang-Schaltgetriebe.

Hier sind zwei L 1619 zu sehen, ein LPL d.h. ein Exemplar mit Luftfederung im Vordergrund. Das Fahrzeug im Hintergrund hat eine Schlafkabine.

Land	Deutschland
Baujahr	1968
Motor-Bauart	Sechszylinder-Reihenmotor, Diesel
Lage	Front
Antrieb	Heck
Hubraum (ccm)	8725
Leistung (PS)	192

Mercedes-Benz LPL 1619

Auch die mittelschweren Mercedes-Lkw mit 8–22 Tonnen Gesamtgewicht gingen ihrer rundlichen Form verlustig und erhielten ein kubisches Fahrerhaus, allerdings erst 1965. Diese Lastwagenklasse von Mercedes-Benz hatte ebenfalls eine fest montierte Kabine und stellte Wartungsmechaniker vor ähnliche Herausforderungen wie die schweren Modelle. Ein kippbares Fahrerhaus erhielten die mittelschweren Trucks allerdings während ihrer gesamten Bauzeit bis 1975 nie. Das zweite L in der Modellbezeichnung dieses LPL 1619 (im Bild vorne) stand für eine Ausführung mit Luftfahrwerk. Auch im Angebot waren wie üblich Ausführungen mit Pritsche, Kipplaster und Sattelzugmaschinen. 1619 heißt 16 Tonnen Gesamtgewicht, 190 (eigentlich 192) PS, bereitgestellt vom OM 360, dem größten und stärksten Motor, der in dieser Klasse bei Mercedes-Benz verfügbar war.

Dieser LPS 2224 war für die in Karlsruhe ansässige Spedition Badischer Kraftverkehr, Robert Ochs KG unterwegs. Die Firma Robert Ochs bediente unter anderen auch Strecken des Transitverkehrs durch die DDR von und nach West-Berlin. Von dort wurden durch Robert Ochs vor allem Lkw-Motoren aus dem Werk in Marienfelde zum Mercedes-Benz-Lkw-Werk in Wörth am Rhein befördert.

Land	Deutschland
Baujahr	1968
Motor-Bauart	Sechszylinder-Reihenmotor, Diesel
Lage	Front
Antrieb	Heck
Hubraum (ccm)	11.581
Leistung (PS)	240

Mercedes-Benz LPS 2224

In einen noch einmal deutlich schwereren Bereich stieß dieser Mercedes-Benz LPS 2224 vor: Sattelzugmaschine, 22 Tonnen maximales Gesamtgewicht, 240 PS aus dem OM 355, dem hubraum- und leistungsstärksten Vertreter der OM 300-Familie von Sechszylinder-Dieseln des Hauses. Auch diese Variante verfügte über eine Direkteinspritzung und wurde 1967 vorgestellt. Während diese Motoren in Deutschland nach 1970 ersetzt wurden, blieben sie z.B. in Brasilien noch bis in die späten 1980er Jahre in Produktion. Bei dem abgebildeten Fahrzeug fällt die zweite gelenkte Achse hinter dem Kraftstofftank auf, die dieses Modell kennzeichnete. Die zweite Hinterachse lenkt gegen.

Land	Schweden
Baujahr	1954-1958
Motor-Bauart	Sechszylinder-Reihenmotor, Diesel
Lage	Front
Antrieb	Heck
Hubraum (ccm)	9348
Leistung (PS)	150

Der LS 71 Regent basierte auf Scania-Vabis' Typ L 20 von 1946 und war serienmäßig mit Druckluftbremse sowie ab 1955 auf Sonderwunsch mit Servolenkung ausgestattet.

Scania-Vabis LS 71 Regent

Es ist bemerkenswert, dass ein bevölkerungsmäßig kleines Land wie Schweden eine ganze Reihe von namhaften Industrieunternehmen hervorgebracht hat wie etwa Volvo oder SAAB. Ein weiteres im Rahmen dieses Buches bedeutsames Unternehmen ist Scania. Entstanden 1911 durch die Fusion der Firmen Scania, ursprünglich ein Fahrradproduzent, und Vabis, ein Eisenbahnwaggonhersteller, brachte der neue Marktteilnehmer Scania-Vabis zunächst Pkw, ab 1919 ausschließlich Lkw heraus. Das hier gezeigte Modell wurde von 1954–58 unter der Bezeichnung LS 71 Regent vermarktet. Sein 9,3-Liter-Direkteinspritzer, entwickelt in Zusammenarbeit mit dem britischen Hersteller Leyland, war an ein vollsynchronisiertes Fünfganggetriebe gekoppelt. Der LS 71 wurde 1958 durch seinen Nachfolger, den Scania-Vabis L 75/76, abgelöst, der seinerseits bis 1968 gebaut wurde.

Land	Schweden
Baujahr	1866
Motor-Bauart	Sechszylinder-Reihenmotor, Turbodiesel
Lage	Front
Antrieb	Heck
Hubraum (ccm)	11.021
Leistung (PS)	260

Der auf dem Kühlergrill angebrachte Schriftzug „Super" weist diesen 260 PS starken LBS 76 als Ausführung mit Turbodiesel aus.

Scania-Vabis LBS 76

Das Nachfolgemodell des LS 71 wurde sowohl als Langhauber als auch als Frontlenker angeboten, so wie im Falle dieses 1966er LBS 76. Das „B" steht dabei für die Forward Control-Auslegung, das „S" für eine Nachlaufachse hinter den angetriebenen Hinterrädern, „76" war die Bezeichnung von 1963–68, davor „75". Der 11,0-Liter-Motor war auch als Saugdiesel verfügbar, leistete dann aber nur 190 PS. Die Kabine des LB/LBS war übrigens nicht kippbar, der Zugang zum Motor zwecks Wartung und Reparaturen erfolgte von vorne durch Wegklappen der Abdeckplatte mit dem Kühlergrill sowie durch Entfernen der Abdeckhaube in der Fahrerkabine.

Land	Schweden
Baujahr	1954-1962
Motor-Bauart	Sechszylinder-Reihenmotor, Diesel
Lage	Front
Antrieb	Heck
Hubraum (ccm)	6724
Leistung (PS)	125

Damals noch Volvo-typisch wurde der Viking als „rolling chassis", also ohne Kabine geliefert, die Aufbauten kaufte der Kunde bei einem Nachrüster.

Volvo L 3851 Viking

Der L 38/48 Viking gehörte zu den populärsten Lkw der Marke Volvo, allein wegen der gedanklichen Assoziation eines skandinavischen Produkts mit den Wikingern. Ursprünglich eine Weiterentwicklung des langhaubigen Modells L 24 „Rundnase", wurde der Viking ab 1954 auch in einer Frontlenkerausführung mit der Bezeichnung L 3821 oder, wie der hier abgebildete Pritschenwagen, 3851 angeboten, wobei die Zahl 5 für den verbauten 6,1-Liter- bzw. 6,7-Liter-Dieselmotor ab 1955 (2 für einen Benziner) stand und die 1 für Frontlenker.

In einer eher ungewöhnlichen Umgebung wurde 1958 dieser Volvo L 375 Starke präsentiert, nämlich vor dem Hilton-Hotel in Beverly Hills, Kalifornien, passend mit vornehmer Dame bzw. Model im Pelzmantel.

Land	Schweden
Baujahr	1958
Motor-Bauart	Sechszylinder-Reihenmotor, Diesel
Lage	Front
Antrieb	Heck
Hubraum (ccm)	4703
Leistung (PS)	95

Volvo L 375 Starke

Die Bezeichnung „Starke" bedeutet genau das, was der deutsche Leser vermuten würde und bezog sich auf den 4,7-Liter-Diesel mit 95 PS, der diesen mittelschweren Truck antrieb. Ihm zur Seite stand der L 370 Brage, ein Benziner, benannt nach dem nordischen Gott Bragi. Der Starke war für eine Nutzlast von 4,5 Tonnen ausgelegt und die Tatsache, dass man ihn, wie unten zu sehen, in den USA fotografierte, zeigte die Bedeutung des nordamerikanischen Exportmarktes, auf dem Volvo einzuschlagen hoffte. Der L 375 konnte diese Hoffnung allerdings nicht erfüllen, zu gut versorgt mit hochwertigen heimischen Produkten waren USA und Kanada. Der Erfolg stellte sich erst in späteren Jahren und mit moderneren Modellen ein. Die Brage/Starke-Baureihe wurde mit den entsprechenden modellpflegerischen Maßnahmen bis 1972 gebaut.

Land	Schweden
Baujahr	1965
Motor-Bauart	Sechszylinder-Reihenmotor, Saug- oder Turbodiesel
Lage	Front
Antrieb	Heck
Hubraum (ccm)	9602
Leistung (PS)	200 ohne, 260 mit Turbolader

Der F 88 wurde in Ausführungen mit und ohne Turbolader angeboten. Das hier abgebildete Exemplar wurde mit dem – selbstverständlich aufpreispflichtigen – Upgrade ausgeliefert und kam damit auf satte 260 PS.

Volvo F 88

1964/65 stellte Volvo seine neueste Modellreihe für den Schwerlastmarkt vor, auf die Bezeichnung Titan TIPTOP/F 88 hörend. Als Frontlenker konstruiert, war die Baureihe vor allem für den Export gedacht und etablierte Volvo in den 1960er und 1970er Jahren als Hersteller leistungsstarker und robuster Lastkraftwagen auf dem Weltmarkt. Der Truck verfügte über eine kippbare Schlafkabine für zwei Personen und hatte ausgiebige Crashtests durchlaufen – ein Vorbild passiver Sicherheit, die im Autoverkehr jener Zeit zunehmend wichtig wurde. Dank seines 9,6-Liter-Diesels mit und ohne Turbolader war der F 88 für ein maximales Gesamtgewicht von 26,5 Tonnen ausgelegt. Die Modellreihe blieb bis 1977 im Programm, um dann vom Volvo F 10/F 11 abgelöst zu werden.

Während Langhauber aus dem europäischen Lkw-Verkehr heutzutage nahezu verschwunden sind, boten sie fast alle europäischen Hersteller während der 1960er-Jahre noch an – wenngleich sich der Trend zum Frontlenker deutlich abzeichnete. Das weitaus frühere Produktionsende des N 88 gegenüber seinem Frontlenker-Gegenstück, dem F 88, ist als Indiz dafür zu deuten.

Land	Schweden
Baujahr	1965-1973
Motor-Bauart	Sechszylinder-Reihenmotor, Saug- oder Turbodiesel
Lage	Front
Antrieb	Heck
Hubraum (ccm)	9602
Leistung (PS)	200 ohne, 260 mit Turbolader

Volvo N 88

Das konventionelle langhaubige Gegenstück des F 88 ist der hier abgebildete N 88, der ebenfalls 1965 vorgestellte Nachfolger des Volvo Titan, dessen mittlerweile etwas altmodisch anmutende Fahrerkabine er übernahm. Darunter allerdings gab es den neuen Saug- oder Turbodiesel, ein vollsynchronisiertes 8-Ganggetriebe und ein verbessertes Fahrwerk.

AUF DIE LADUNG KOMMT ES AN: LASTWAGEN ALS SPEZIALTRANSPORTER

Stückgut ist im Allgemeinen leichter zu transportieren als Flüssigkeiten, denn es lässt sich in rechteckige oder quadratische Kisten verpacken, effizient stapeln und verstauen. Flüssigkeiten haben dagegen ein beträchtliches Eigenleben, wenn sie in einem geschlossenen Behältnis unterwegs sind. Ständig sind sie in Bewegung, meist in die falsche Richtung, und wenn es sich dann noch um entzündliche und/oder brennbare Flüssigkeiten handelt, ist doppelte Vorsicht angesagt. Andere Transportgüter benötigen besonderen Schutz, weil sie überaus begehrt sind bei den falschen Leuten. In jedem Fall ist ein dazu passender Lastwagen notwendig, um auch problematische Transportgüter an ihr Ziel zu bringen. Hier ein paar – durchaus leistungsstarke und optisch ansprechende – Beispiele:

Land	USA
Baujahr	1938
Motor-Bauart	Sechszylinder-Reihenmotor, Benziner
Lage	Front
Antrieb	Heck
Hubraum (ccm)	5.424
Leistung (PS)	100

Dodge Airflow Tanklaster

Der mutmaßlich schönste Tanklaster aller Zeiten war der Dodge Airflow von 1938. Das stromlinienförmige Design war in den 1930er Jahren der letzte Schrei und wurde auch auf Busse, Eisenbahnen und Wohnanhänger angewendet. Die Chrysler Corporation brachte in den 1930er Jahren ganze Fahrzeugbaureihen im Airflow-Design heraus, das sich letztlich jedoch nicht durchsetzen konnte, aber auch heute noch modern und futuristisch aussieht. Der 8,13 m lange und 2,44 m breite Airflow hatte ein Fassungsvermögen von 1.175 Gallonen = 4.447 Liter bei einem Eigengewicht von 11.000 pounds = 4.994 Kilo. Mit lediglich 100 PS aus einem seitengesteuerten Sechszylinder ging es da wohl eher gemütlich voran.

GMC AF Tanklaster

GMCs Cab-Over-Engine-Modellreihe AF als Tanklaster von 1940 (im Bild vorne links). Solche Sonderaufbauten waren nicht standardisiert ab Werk, sondern wurden dem jeweiligen Kunden von Nachrüstern maßangefertigt. Es ist nicht bekannt, wieviel Treibstoff dieser spezielle Tank-Truck fasste. Die Firma St. Martin's Coal Company selbst existiert nicht mehr, aber ihr ehemaliges Verwaltungsgebäude in der 7600 Germantown Avenue (man beachte den Schreibfehler auf der Beifahrertür) ist heute ein denkmalgeschütztes Gebäude in Philadelphia, Pennsylvania.

Land	USA
Baujahr	1940
Motor-Bauart	Sechszylinder-Reihenmotor, Benziner
Lage	Front
Antrieb	Heck
Hubraum (ccm)	5915
Leistung (PS)	136

AUF DIE LADUNG KOMMT ES AN: LASTWAGEN ALS SPEZIALTRANSPORTER

Land	USA
Baujahr	1946
Motor-Bauart	Sechszylinder-Reihenmotor, Benziner
Lage	Front
Antrieb	Heck
Hubraum (ccm)	3856
Leistung (PS)	93

Chevrolet Abschleppwagen

Die Jungs von Paulos Auto Company, vermutlich eine Chevy-Vertragswerkstatt (siehe „Chevrolet Super Service"-Aufschrift und Logo auf der Beifahrertür), fahren natürlich auch selbst einen Chevrolet COE-Truck mit Abschlepp-Sonderaufbau. Ob man es glaubt oder nicht, Paulos existiert bis heute unter der Firmenbezeichnung Con Paulos in der Kleinstadt Jerome im US-Bundesstaat Idaho.

Land	USA
Baujahr	1946
Motor-Bauart	V8-Motor, Benziner
Lage	Front
Antrieb	Heck
Hubraum (ccm)	3916
Leistung (PS)	100

Ford Betonmischer

Die ersten Nachkriegsmodelle von Ford (wie auch von der Konkurrenz), Modelljahrgang 1946/47, unterschieden sich praktisch gar nicht von den 1942ern, wie bereits an anderer Stelle beschrieben. Kein Wunder also, dass auch dieser Betonmischer der Eberts Brothers Coal Company mit Fords klassischem Flathead-V8 ausgestattet war. Ein solches Fahrzeug bezeichnet man auf Englisch „Transit Mixer" wegen der Betonmischung während der Fahrt. Der Bauboom nach dem Zweiten Weltkrieg sorgte für eine gewaltige Nachfrage nach solchen Trucks.

GMC FF-453 Tanklaster

Die Firma Fred Gross & Sons war in den 1940er und 1950er Jahren im Brennstoffhandel tätig und in Baltimore, Maryland, beheimatet. 1948 verwendete sie u.a. diesen GMC FF-453 Tanklaster, um ihre Kunden zu beliefern. Das Emblem auf der Tür weist darauf hin, dass auch mit sogenannter Blue Coal gehandelt wurde, „Amerikas bester Anthrazitkohle" laut der Glen Alden Coal Company, der Bergbaugesellschaft aus Pennsylvania, die dort den Rohstoff bis heute abbaut. Damals trug Steinkohle noch zu rund 80 Prozent zur Stromerzeugung in den USA bei, heute liegt ihr Anteil bei 16 Prozent und er fällt weiter.

Land	USA
Baujahr	1948
Motor-Bauart	Sechszylinder-Reihenmotor, Benziner
Lage	Front
Antrieb	Heck
Hubraum (ccm)	3.736
Leistung (PS)	121

AUF DIE LADUNG KOMMT ES AN: LASTWAGEN ALS SPEZIALTRANSPORTER

Land	USA
Baujahr	1953
Motor-Bauart	Sechszylinder-Reihen-motor, Diesel
Lage	Front
Antrieb	Heck
Hubraum (ccm)	7669
Leistung (PS)	135

International Harvester RDF-190 Geldtransporter

Die US-Firma Brink's ist seit 1859 im Geldtransportgeschäft tätig, auch in Deutschland, und benötigte daher zwangsläufig gepanzerte Fahrzeuge, die bestmöglich das kostbare Transportgut vor Raub und die Wachleute vor Schaden schützen sollten. 1953 war ein solches Fahrzeug dieser International Harvester RDF-190, die Typbezeichnung für einen dieselgetriebenen Heavy Duty-Tandemachser, der in jenem Jahr eingeführten R-Serie. Brink's wirbt damit, noch nie in seiner Firmengeschichte erfolgreich überfallen worden zu sein. Von so einem Panzer auf Rädern ließen auch erfahrene Räuber lieber die Finger.

Land	Niederlande
Baujahr	1957
Motor-Bauart	Sechszylinder-Reihenmotor, Diesel
Lage	Front
Antrieb	Heck
Hubraum (ccm)	11.143
Leistung (PS)	165

DAF 2000 DO Tanklaster

Tanklaster wurden und werden natürlich auch in Europa gebraucht und DAF war 1957 mit seiner ersten Schwerlastserie, dem 2000, zur Stelle, um auch in diesem Marktsegment präsent zu sein. Der L680-Saugdiesel von Leyland diente auch hier als Kraftquelle, um den schweren Truck, der für ein Gesamtgewicht von 35 Tonnen zugelassen war, zu ziehen. Das Unternehmen Boerman Transport B.V. aus dem Ort Hardinxveld-Giessendam existiert seit 1936 und ist bis heute im Geschäft.

AUF DIE LADUNG KOMMT ES AN: LASTWAGEN ALS SPEZIALTRANSPORTER

Volvo L495 Titan Tanklaster

Der Volvo Titan wurde in seiner Haubenlenker-Ausführung von 1951–64 gebaut und ist hier als Modell L495 im Jahr 1959 zu sehen, als diese Version vorgestellt wurde. Dieser Tanklaster der Firma AB Göteborgs Tanktransport war nicht zwangsläufig ein Treibstofflaster, sondern kann ganz allgemein zum Flüssigkeitstransport eingesetzt worden sein. Angetrieben wurde er vom hauseigenen D96-Saugdiesel mit 150 PS, es gab allerdings auch eine Turbodieselversion mit 185 PS.

Land	Schweden
Baujahr	1959
Motor-Bauart	Sechszylinder-Reihenmotor, Diesel
Lage	Front
Antrieb	Heck
Hubraum (ccm)	9602
Leistung (PS)	150

Land	Deutschland
Baujahr	1966
Motor-Bauart	Sechszylinder-Reihenmotor, Diesel
Lage	Front
Antrieb	Heck
Hubraum (ccm)	5675
Leistung (PS)	126

Mercedes-Benz LB 1413 Betonmischer

Der Mittelschwere Kurzhauber von Mercedes-Benz kam 1959 heraus und wurde bis 1982 in Deutschland produziert. 1962 wurde neben den vertrauten Modellen Pritsche, Fahrgestell und Sattelzugmaschine das hier gezeigte Sondermodell der Ausführung L 327 herausgebracht, ab 1963 mit der Typbezeichnung LB 1413 versehen. Dieser spezielle 14-Tonner wurde ausschließlich als Betonmischer-Fahrgestell angeboten und konnte sowohl mit Heck- als auch mit Allradantrieb geordert werden.

AUF DIE LADUNG KOMMT ES AN: LASTWAGEN ALS SPEZIALTRANSPORTER

Land	Deutschland
Baujahr	1968
Motor-Bauart	Sechszylinder-Reihenmotor, Diesel
Lage	Front
Antrieb	Heck
Hubraum (ccm)	5675
Leistung (PS)	126

Mercedes-Benz LP 1013 Autotransporter

Ein Anblick, bei dem Mercedes-Fans Tränen der Freude in die Augen treten dürften: Ein mittelschwerer Frontlenker als Autotransporter mit sage und schreibe sieben Benz-Pkw, die damals an jeder Straßenecke standen und heute samt und sonders als Klassiker gelten: Heckflosser und Strich-Achter. Bei der Beladung dürfte der LP 1013 sein zulässiges Gesamtgewicht von 10,5 Tonnen vollständig ausgeschöpft und seinen 126 Pferdchen einen guten Workout geboten haben.

Land	Deutschland
Baujahr	1969
Motor-Bauart	V10-Motor, Diesel
Lage	Front
Antrieb	Heck
Hubraum (ccm)	15.953
Leistung (PS)	320

Mercedes-Benz LPS 2023 Silofahrzeug

Auf dieser Aufnahme aus dem Jahre 1969 gibt es gleich zwei Mercedes-Schwergewichte zu sehen: Das Silofahrzeug links ist ein Schwerer Frontlenker, gebaut wahrscheinlich vor 1970, erkennbar an den ovalen Scheinwerfern, mit dem OM 403-V10. Die Form des Transportsilos deutet auf Staubgut hin, also beispielsweise Kohlenstaub. Der Lkw rechts daneben, von dem kaum mehr als die Fahrerkabine zu sehen ist, ist ein Schwerer Kurzhauber ungefähr gleichen Alters, Typ LPS 1620, also mit 10,8-Liter-Sechszylinder und 192 PS. Beide sind Sattelzugmaschinen.

AUF DIE LADUNG KOMMT ES AN: LASTWAGEN ALS SPEZIALTRANSPORTER

Land	Deutschland
Baujahr	1970
Motor-Bauart	Sechszylinder-Reihenmotor, Diesel
Lage	Front
Antrieb	Heck
Hubraum (ccm)	11.581
Leistung (PS)	230

Mercedes-Benz LP 2223 Flüssigtransporter

Ein anderer schwerer Frontlenker, Typ LP 2223, parkt hier vor der bekannten Dortmunder Union-Brauerei, um eine große Ladung Bier in Empfang zu nehmen. Bei 22 Tonnen Gesamtgewicht kommt da schon einiges an Trinkbarem zusammen. Die Firma Paul Ed. Nölting & Co. Versandbiere, so der vollständige Name des Transportunternehmens, residierte zufälligerweise in der Dieselstraße 8 in Hamburg-Reinbek, genauer gesagt im Gewerbegebiet Reinbek/Glinde/Schönningstedt.

Land	Deutschland
Baujahr	1971
Motor-Bauart	Sechszylinder-Reihenmotor, Diesel
Lage	Front
Antrieb	Heck
Hubraum (ccm)	11.581
Leistung (PS)	240

Mercedes-Benz LK 1924 Tanklaster

Mercedes-Benz' bewährter OM 355-Dieselmotor in seiner ab 1969 gebauten 240-PS Version trieb dieses Tankfahrzeug an, das passenderweise für den Transport von Heizöl und Diesel eingesetzt wurde. Es gibt ein Fuhrunternehmen namens Rieser in Balzers im Fürstentum Liechtenstein, bei dem dieser historische Laster sein gesamtes Arbeitsleben verbrachte. Fun Fact: Der Tankaufbau wurde in diesem speziellen Fall auf dem Fahrgestell eines Kipplasters installiert, daher das Kürzel K in der Typbezeichnung.

AUF DIE LADUNG KOMMT ES AN: LASTWAGEN ALS SPEZIALTRANSPORTER

Scania LT 111 Tanklaster

Wie in den meisten Fällen, gibt auch die Typenbezeichnung dieses Scania-Tanklasters aufschluss über seine technischen Daten: L für Lastwagen, T für Haubenlenker, 11 für 11 Liter Hubraum, 1 für 1. Generation, gebaut von 1974–80. Interessant ist hier die Örtlichkeit, denn dieser Truck wurde in Argentinien aufgenommen; die Firma Mandataria S.A. ist in der Stadt Mendoza im zentralen Westen des Landes nahe der chilenischen Grenze beheimatet. Das Transportgut dieses Lasters ist Rotwein vom Weingut Bodegas Etchart Cafayate in der Ortschaft Salta im Nordwesten Argentiniens.

Land	Schweden
Baujahr	1976
Motor-Bauart	Sechszylinder-Reihenmotor, Turbodiesel
Lage	Front
Antrieb	Heck
Hubraum (ccm)	10.996
Leistung (PS)	305

MAN TGS 32.400 Betonmischer

Dieser MAN TGS 32.400 in der 8x4-Ausführung wird gerne als Betonmischer eingesetzt, da sein Chassis nur knapp 9 Tonnen Eigengewicht mitbringt und somit eine hohe Nutzlast ermöglicht. Der Wirtschaftlichkeit des Lasters sehr zuträglich ist laut Hersteller auch der D1556-Motor, der den TGS 32.400 serienmäßig antreibt. Andere TGS-Ausführungen, außer dem hier gezeigten Fahrgestell mit Sonderaufbau, sind der Kipplaster und die Sattelzugmaschine, außerdem stehen natürlich Versionen mit zwei und drei Achsen zur Verfügung.

Land	Deutschland
Baujahr	2017
Motor-Bauart	Sechszylinder-Reihenmotor, Turbodiesel
Lage	Front
Antrieb	Heck
Hubraum (ccm)	9.032
Leistung (PS)	400

Wachsen mit den Herausforderungen – Die 1970er und 1980er Jahre

Die zwei Jahrzehnte des Berichtszeitraums brachten zahlreiche Veränderungen mit sich, die hier nur andeutungsweise behandelt werden können. Makroökonomisch wären die beiden Ölkrisen von 1973/74 und von 1979/80 zu nennen, die das Ende der sogenannten „trentes glorieuses“, des 30-jährigen Wirtschaftsbooms der Nachkriegszeit, besiegelten. Fortan sollten im Automobilbau Aspekte wie Wirtschaftlichkeit und Umweltverträglichkeit – mit einem gewissen Zeitverzug – eine zunehmend wichtige Rolle spielen. Auf dem Nutzfahrzeugmarkt verfestigten sich Trends zu dauerhaften Entwicklungen. So verschwanden nach und nach Benzinmotoren aus Schwerlast-Lkw, selbst in Nordamerika mit seinen niedrigeren Kraftstoffpreisen setzte sich der Diesel immer mehr durch, wie er es in Europa schon früher getan hatte. In anderer technischer Hinsicht gingen die Alte und die Neue Welt immer deutlicher getrennte Wege: Die europäische Gesetzgebung begünstigte nationenübergreifend mit ihren zunehmend strikten Längenvorgaben Frontlenker-Lkw, während Haubenlenker weitestgehend aus dem Straßenbild verschwanden. In den USA und Kanada hingegen fielen solche Restriktionen weg, wodurch sich Haubenlenker-Trucks allenthalben durchsetzten und die einst dominanten Cab-Over-Engine-Konstruktionen nur noch eine Nebenrolle spielten. Beim Design der Fahrerkabinen legten in den 1970er und 80er Jahren jedoch alle Hersteller mehr Wert auf Sicherheit und Komfort für die Trucker, die schließlich einen Großteil ihres Lebens am Lenkrad verbrachten und ein Anrecht auf eine menschenfreundliche, bequeme und nicht zuletzt sichere Arbeitsumgebung hatten. Ein weiterer interessanter Trend war auch das Bemühen europäischer Anbieter wie vor allem Volvo, sich auf dem lukrativen US-Markt zu etablieren. Dies geschah meistens in Form von Fusionen mit oder Übernahmen von amerikanischen Herstellern wie etwa der Traditionsfirma White, die 1980 von Volvo aufgekauft wurde. Weitere Geschäftsverbindungen vergleichbarer Art sollten folgen.

In den USA setzte sich der Haubenlenker im Laufe der 1970er- und 1980er-Jahre klar gegenüber dem Frontlenker durch, während auch führende Hersteller, wie GMC, noch bis Ende der 1970er in der Regel beide Varianten in ihren Modellpaletten unterbrachten.

Der sich hinter den Sitzen befindende Ruhebereich des Fahrerhauses verfügte über Zweiwege-Ventilatoren, eine separate Heizung und war umfassend schall- und wärmegedämmt. Das Fahrerhaus bestand aus Aluminium und war komplett nach vorne kippbar.

Der hier gezeigte Sattelschlepper mit Tandemachse war für ein Gesamtgewicht von 76.800 pounds, also 34.867 kg zugelassen.

Land	USA
Baujahr	1978
Motor-Bauart	Sechszylinder-Reihenmotor, Zweitakt-Diesel
Lage	Front
Antrieb	Heck
Hubraum (ccm)	6974–13.962
Leistung (PS)	219–390

Chevrolet Titan 90

Im Laufe seiner Bauzeit von 1969–80 war der Chevrolet Titan 90 mit einer ganzen Reihe von Dieselmotoren erhältlich, Benziner suchte man in dieser Baureihe vergeblich. Die Aggregate stammten unter anderem von GMs hauseigenem Lieferanten Detroit Diesel, der während der Bauzeit mit drei verschiedenen Zweitaktmotoren in fünf Ausführungen vertreten war. Serienausstattung war der 6-71 mit 219 PS, 1979 abgelöst durch den 6V-92, einen V6 mit 9 Liter Hubraum und 270 PS. Auf der Aufpreisliste standen der 8V-71N/NE, ein V8 mit 9.300 ccm und 242, 265 oder 289 PS und schließlich der zwischen 1972 und 1978 verfügbare 12V-71N, ein V12 mit 13.962 ccm, der 390 PS leistete. Die Kraftübertragung besorgte das F-RT910, ein Zehnganggetriebe des Herstellers Fuller. Auf Wunsch waren noch ein 13-Gang-Getriebe, ebenfalls von Fuller, oder zwei Fünfganggetriebe der Firma Spicer erhältlich. Der Titan 90 bot eine moderne Kabine mit ausgezeichneter Sicht und einer hohen Sitzposition. Der Kunde konnte zwischen einem Day Cab ohne und zwei verschiedenen Sleeper Cabs mit Schlafplätzen wählen. Während das Day Cab lediglich 1.372 mm von der Stoßstange bis zur Rückwand maß, waren die Sleeper Cabs entweder 1.829 oder sogar 2.184 mm lang. Bei letzterer Ausführung war der Schlafplatz 91 cm breit

Dem 450 PS mächtigen Chevy-Truck war kein allzu langes Leben vergönnt. 1980 überließ Chevrolet den Schwerlastmarkt in Gänze der Schwestermarke GMC, die im Gegensatz zu Chevy kein lukratives Pkw-Geschäft hatte.

Land	USA
Baujahr	1978
Motor-Bauart	Sechszylinder-Reihenmotor, Diesel
Lage	Front
Antrieb	Heck
Hubraum (ccm)	18.845
Leistung (PS)	450

Von den markentypischen Schriftzügen abgesehen waren der Chevrolet Titan 90 und der GMC Astro 95 in jeder Hinsicht identisch, wie diese Aufnahme zweier Astro 95 (links mit Sleeper Cab, rechts mit Day Cab) aus dem Jahr 1973 erahnen lässt.

Chevrolet Titan 90

Ab 1977 präsentierte sich der Titan 90 mit merkbar vergrößertem Kühlergrill. Dahinter verbarg sich ein deutlich größerer Radiator als bei den früheren Modellen, was der Tatsache geschuldet war, dass in jenem Jahr zwei neue Aufpreismotoren in das Programm genommen wurden, der angegebene KT-450 von Cummins und der Caterpillar 3406. Größere Motoren brauchten mehr Kühlkapazität, also auch größere Radiatoren. Ebenso wie der Cummins-Motor ist der Caterpillar 3406 ein Reihensechszylinder, allerdings mit 14,6 Liter Hubraum. Vorgestellt 1973, wuchtete er im Chevy Titan 90 satte 1.979 Nm Drehmoment auf die Kurbelwelle und leistete 425 PS. Der gleiche Motor wurde auch in Baumaschinen und stationären Generatoren verwendet. Die übrigen Motoren blieben natürlich weiter im Angebot des Titan 90.

Land	Niederlande
Baujahr	1973
Motor-Bauart	Sechszylinder-Reihenmotor, Turbodiesel
Lage	Front
Antrieb	Heck
Hubraum (ccm)	11.600
Leistung (PS)	330

Äußerlich unterschied sich der DAF Paystar von seinem US-Gegenstück lediglich durch die Platzierung der Scheinwerfer, die für Europa von den Kotflügeln in die Stoßstange verlegt worden waren.

DAF 1160

1972 erwarb die International Harvester Corporation aus Chicago einen Anteil von 33 Prozent am niederländischen Traditionskonzern DAF (42 Prozent verblieben im Besitz der Gründerfamilie Van Doorne, die restlichen 25 Prozent der Aktien hielt der niederländische Staat). Im Rahmen der Zusammenarbeit zwischen dem amerikanischen und dem niederländischen Unternehmen entstand unter anderem der abgebildete hybride Truck aus dem Jahr 1973. Es handelte sich um einen International Paystar 5050 Tandemachser, der für den europäischen Markt mit DAFs werkseigenem, in jenem Jahr vorgestellten 1160 Turbodiesel ausgestattet war und als DAF vermarktet wurde. Ausgelegt war der Lkw für ein zulässiges Gesamtgewicht von 25,5 Tonnen. Die Kooperation mit IHC endete 1981.

Land	Niederlande
Baujahr	1979
Motor-Bauart	Sechszylinder-Reihenmotor, Turbodiesel (Intercooler)
Lage	Front
Antrieb	Heck
Hubraum (ccm)	8250
Leistung (PS)	230

Der DAF FAD 2300 wurde vor allem für den britischen Markt entwickelt. Dieses rechtsgelenkte Exemplar ist hier ebendort bei der Arbeit auf einer Baustelle zu sehen, fotografiert im Jahr 1979.

DAF FAD 2300

Vorgestellt drei Jahre zuvor, war der FAD 2300 eine Weiterentwicklung der F218-Serie des Hauses DAF, die bereits 1970 eingeführt worden war. Der 2300, der vor allem auf Bestreben der britischen Vertragshändler entstanden war, wurde mit zwei, drei oder in der hier gezeigten Ausführung mit 4 Achsen angeboten und dann als FAD bezeichnet. Angetrieben wurde er von DAFs DHX 825, einem 8,2-Liter-Sechszylinder mit Turbolader und Intercooler, der in dieser Form 230 PS leistete und mit einem 6-, 9- oder 12-Ganggetriebe verbunden war. Das Fahrerhaus war natürlich nach vorne kippbar, wie es dem technischen Standard der Zeit längst entsprach.

Land	Niederlande
Baujahr	1980
Motor-Bauart	Sechszylinder-Reihenmotor, Turbodiesel, Intercooler
Lage	Front
Antrieb	Heck
Hubraum (ccm)	11.600
Leistung (PS)	310

Der N2800 wurde grundsätzlich als Doppelachser mit Heckantrieb angeboten und war z.B. als Kipplaster, Betonmischer oder als Schwerlast-Zugmaschine bei der Kundschaft beliebt.

DAF N2800

Der DAF N2800 war das letzte Modell des Hauses, das als Langhauber konzipiert worden war. Vorgestellt im November 1980, sollte der robuste Truck vor allem den afrikanischen und nahöstlichen Markt bedienen, war also auf klimatische Extreme ausgelegt. Wem das Fahrerhaus bekannt vorkommt, dem sei gesagt, dass DAF sich dafür bei Magirus-Deutz bediente, der es für seinen sogenannten Eckhauber verwendete. Unter der markanten Haube des Niederländers arbeitete der schon in anderen schweren DAFs verbaute 11,6-Liter-Diesel, verfügbar als Sauger mit 230 PS oder mit Turbolader und Intercooler, dann mit 310 PS. Ein ZF-Schaltgetriebe mit 16 (in Worten: sechzehn) Vorwärtsgängen sorgte dafür, dass die Motorkraft auf die Straße, Piste und jede andere Einsatzfläche kam.

Im Jahr 1988 wurde dem DAF 95 der Preis „Truck of the Year" verliehen, eine prestigeträchtige, von der Transportbranche selbst vergebene Auszeichnung. Nicht zuletzt wegen seiner neu entwickelten Cabtec-Kabine.

Land	Niederlande
Baujahr	1987
Motor-Bauart	Sechszylinder-Reihenmotor, Turbodiesel, Intercooler
Lage	Front
Antrieb	Heck
Hubraum (ccm)	11.600
Leistung (PS)	310

DAF FT 95 Space Cab

Es war 1987, als DAF das hier vorgestellte Modell auf den Markt brachte, die Serie 95, im vorliegenden Fall in der Space Cab-Version. Die in Zusammenarbeit mit dem spanischen Lkw-Hersteller ENASA komplett neu entwickelte Kabine namens Cabtec bot reichlich Platz und war auf hohe Geräuschdämmung ausgelegt, was den Fahrkomfort beträchtlich erhöhte. Wieder einmal war es der von der britischen Firma Leyland übernommene und von DAF weiterentwickelte 11,6-Liter-Turbodiesel mit Intercooler, verfügbar in Ausführungen von 310, 350, oder 380 PS, der im 95 für Vortrieb sorgte, verbunden mit einem 16-Gang-Schaltgetriebe von ZF. Zu diesem Zeitpunkt war DAF bereits seit Jahren wieder ein reiner Lkw-Hersteller, seine kurzlebige Pkw-Sparte, erst in den 1960er Jahren ins Leben gerufen, wurde 1975 an Volvo verkauft. 1987 wurde aus der langjährigen Zusammenarbeit mit Leyland eine Fusion beider Unternehmen, die, so viel sei vorweg genommen, für beide nicht gut ausging.

Land	USA
Baujahr	1973
Motor-Bauart	Sechszylinder-Reihenmotor, Diesel
Lage	Front
Antrieb	Heck
Hubraum (ccm)	15.191
Leistung (PS)	250

Mit der Einstellung der Bighorn-Produktion im Jahr 1975 – nach nur 261 produzierten Einheiten – endete auch Dodges Engagement im sogenannten Class 8-Segment, also Schwerlaster mit mehr als 15 Tonnen zulässigem Gesamtgewicht.

Dodge Bighorn CNT 950

261 – so viele oder besser gesagt so wenige Exemplare des hier gezeigten Dodge Bighorn wurden während seines kurzen Gastspiels auf dem nordamerikanischen Schwerlastmarkt von Ende 1972 bis Mai 1975 hergestellt. In seinem ersten Modelljahr 1973 wurden gerade einmal zehn Stück verkauft, acht in den USA und zwei in Kanada. Der bescheidene Verkaufserfolg des Bighorn hatte nichts mit mangelnder Qualität zu tun, sondern vermutlich eher mit schlechtem Timing, Stichwort Ölkrise 1973/74. Motorhaube und Kotflügel des Fahrerhauses bildeten eine Einheit, die nach vorne weggeklappt werden konnte. Der ausschließlich als Zugmaschine ausgelegte Truck war mit zwei Radständen verfügbar, 4699 und 4953 mm, und wurde serienmäßig vom Cummins Super 250 angetrieben, einem der firmentypischen Reihensechszylinder. Wem das nicht genügte, dem standen weitere vier Cummins-Aggregate und drei Detroit Diesel-Motoren gegen Aufpreis zur Wahl.

Land	USA
Baujahr	1970
Motor-Bauart	V8-Motor, Benziner
Lage	Front
Antrieb	Heck
Hubraum (ccm)	5916
Leistung (PS)	210

Das serienmäßige Fünfganggetriebe des C-750 konnte durch die dreistufige Transmatic-Getriebeautomatik ersetzt werden, falls es der Kunde wünschte.

Fords C-Series für mittelschwere Lasten war Jahr für Jahr der meistverkaufte Truck in seinem Marktsegment. Auch 1977, als dieser C-750 fotografiert wurde, präsentierte er sich noch im vertrauten Design.

Ford C-750

Fords im Jahr 1957 als Ersatz für die an anderer Stelle erwähnten COE-Versionen der F-Series eingeführte C-Series wurde auch in den 1970er und 80er Jahren nahezu unverändert weitergebaut, wie das Foto dieses C-750-Kühllasters aus dem Jahr 1970 zeigt. Wie bisher gab es Ausführungen mit Benzinmotor wie eben den C-750 und seine Schwestermodelle C-500/600/700/800/900 und parallel dazu die dieselgetriebenen C-6000/7000 und 8000. Alle genannten Trucks hatten eine einzelne Hinterachse, es gab aber auch die Doppelachser CT-800 und -900 (Benziner) und den CT-8000 (Diesel). Weiterhin zeigte die Kennzahl die maximale Zuladung bzw. das maximale zulässige Gesamtgewicht des jeweiligen Modells an. Beim C-750 waren das 50.000 pounds = 22.700 kg. Er begnügte sich mit einem 5,9-Liter-V8 mit 210 PS als Grundausstattung, ein aufpreispflichtiger 6,4-Liter-V8 mit 235 PS stand zur Wahl. In der C-Series waren Benziner deutlich beliebter als Diesel, folgerichtig war auch die Motorenauswahl größer: 4,9-Liter-Sechszylinder, 5,4-Liter-, 5,9-Liter-, 6,3-Liter-, 7,8-Liter- und 8,8-Liter-V8. Der C-750 verwendete wie in der Vergangenheit den 5,9-Liter serienmäßig und den 6,3-Liter optional.

Land	USA
Baujahr	1970
Motor-Bauart	V8-Motor, Diesel
Lage	Front
Antrieb	Heck
Hubraum (ccm)	10.422
Leistung (PS)	225

Die Lkw der L-Series wurden wegen ihrer Herkunft aus Fords damals brandneuem Montagewerk in Louisville, Kentucky, oft als „Louisville-Modelle“ bezeichnet. Hier stellt der Konzern bis heute Trucks und SUVs her.

Einblick in das Ford-Werk in Louisville: Im Vordergrund ein L-900

Ford LT-8000

Beim 1970er LT-8000 handelte es sich um einen Tandemachser (dafür steht das „T“) mit Dieselmotor (dafür steht die Zahl 8000). Zu den Neuerungen der „Louisville-Modelle“ genannten Trucks gehörten u.a. ein Querstromkühlerradiator mit Füllmengenanzeige, eine spezielle Servolenkung für Lkw, eine im Winkel von 60° kippbare Motorhauben/Kotflügeleinheit aus Kunststoff sowie eine verstellbare Lenksäule. Die Louisville-Modelle ersetzten Fords bis dahin gebaute N-Series und die Super Duty-Ausführungen der F-Series, den F-900 und den F-1000. Der LT-8000 in der Grundausstattung wurde von dem V175 angetrieben, einem 8,5-Liter-Saugdiesel von Caterpillar mit 175 PS, wahlweise gab es den V225 mit 10,4 Liter Hubraum und 225 PS. In anderen Modellen standen Ford-Benzinmotoren mit 5,9 bzw. 6,6 Liter Hubraum zur Verfügung oder Cummins- und Caterpillar-Diesel bis zu 14,6 Liter Hubraum und 375 PS.

Land	USA
Baujahr	1971
Motor-Bauart	Sechszylinder-Reihenmotor, Diesel
Lage	Front
Antrieb	Heck
Hubraum (ccm)	14.010
Leistung (PS)	230–335

Der W-9000 mit seinem charakteristischen Crackerbox-Design ist hier in einer typischen Arbeitssituation zu sehen: als Sattelschlepper an den Docks eines unidentifizierten Hafens in den USA.

Mit dem Produktionsjahr 1973, dem dieser WT-9000 entstammt, verkleinerte Ford sein Motorenangebot leicht: So gab es nur noch 12 Cummins-Diesel statt 13, vier Detroit Diesel statt fünf und einen Caterpillar-Motor statt zwei. Eine Leistungsbandbreite von 220 bis 335 PS dürfte trotzdem allen Ansprüchen genügt haben.

Ford W-9000 & WT-9000

Der W-9000 hatte nur eine angetriebene Hinterachse und lediglich ein 1.321 mm kurzes Day Cab ohne Schlafplatz für den bzw. die Fahrer. Diese Ausführung der W-Trucks gab es mit Radständen von 2.997 oder 3.350 mm, also reichlich Platz für Sattelauflieger, nämlich bis zu 2.794 mm. In der Ausführung mit Tandemachse hörte der Truck auf den Namen WT-9000. Wie zuvor gab es auch 1971 nur Dieselmotoren in Fords schweren Frontlenkern serienmäßig den NH-230 von Cummins (Daten angegeben), auf preispflichtig weitere 12 Cummins-Motoren, fünf von Detroit Diesel und zwei von Caterpillar. Vor der Hinterachse angebracht war der Kraftstofftank mit einer Füllmenge von 50 Gallonen, also ca. 189 Litern. Der stärkste der aufpreispflichtigen Motoren, der Cummins NTC-335, war ein Reihensechszylinder mit 14 Litern Hubraum, 335 PS bei 2100/min und maximalem Drehmoment von 1.261 Nm bei 1600/min. Dieser Motor hatte übrigens ein Eigengewicht (mit serienmäßigen Anbauteilen) von 1.247 kg.

Der Besitzer/Betreiber dieses WT-9000 war offensichtlich auf Sicherheit bedacht, denn sein Truck ist mit den optionalen 100-Gallonen-Kraftstofftanks ausgestattet, leicht zu erkennen an der rechteckigen Form. Das Gegenstück zu dem sichtbaren Exemplar befand sich auf der Beifahrerseite. Übrigens: 200 Gallonen entsprechen 757 Litern.

Land	USA
Baujahr	1973
Motor-Bauart	Sechszylinder-Reihenmotor, Diesel
Lage	Front
Antrieb	Heck
Hubraum (ccm)	15.190
Leistung (PS)	250

Das langhaubige Gegenstück zum WT-9000 war dieser LT-9000, fotografiert im Jahr 1973.

Der LT-9000 im klassischen Dienst als Zugmaschine auf einem Foto aus dem Jahr 1976.

Ford LT-9000

Ford bot den L-9000, wie alle seine L-Series-Modelle in zwei Ausführungen an, als L und als LT sowie als LN und LNT. Der Unterschied lag im sogenannten BBC-Maß. BBC stand dabei nicht für British Broadcasting Company und schon gar nicht für den Schweizer Elektrokonzern Brown, Boveri & Cie., sondern für **B**umper to **B**ack of **C**ab, also die Länge von der Stoßstange bis zur Rückwand des Fahrerhauses. Beim LN/LNT waren dies 93,3 Zoll = 2.370 mm, während der L/LT 105,3 Zoll = 2.675 mm aufwies. Dadurch waren Fords Trucks in allen US-Bundesstaaten und kanadischen Provinzen einsetzbar, denn die gesetzlichen Bestimmungen zur Gesamtlänge von Trucks waren nicht bundeseinheitlich geregelt. Aus der Fülle von möglichen Motorisierungen für den 9000er war hier der Cummins Super 250 verbaut, ein weiteres Mitglied der Sechszylinderfamilie des renommierten Dieselmotorherstellers, dessen Produkte in schweren Trucks praktisch aller Marken verbaut wurden.

Land	USA
Baujahr	1974
Motor-Bauart	Sechszylinder-Reihenmotor, Diesel
Lage	Front
Antrieb	Heck
Hubraum (ccm)	14.010
Leistung (PS)	220

Anders als die konventionelle L-Series war der LTS anfangs nur mit Doppelachse zu haben.

Dieser Kipplaster, ein 1976er Ford LTS-9000, ist mit einer Nachlaufachse ausgestattet, die auf besonderen Kundenwunsch geliefert werden konnte und gerne für Kipper oder Betonmischer eingesetzt wurde. Zur Modellpflege gehörte aber auch, dass der LTS ab 1976 auch mit einer einzelnen Hinterachse geordert werden konnte.

Ford LTS-9000

Ein auffallend anderer Vertreter der Fordschen L-Series war der zeitgleich mit den Louisville-Trucks eingeführte LTS, bei dem die Vorderachse näher an das Fahrerhaus versetzt wurde, was zu einem kürzeren Radstand führte. Bei identischem BBC-Maß von 2.675 mm durfte der LTS eine um 1.271 kg höhere Nutzlast tragen als der LT, weil mehr Gewicht auf die Vorderachse verlagert wurde. Hier haben wir es mit einem LTS-9000 zu tun, also einem Dieseltruck mit dem vertrauten Cummins NH-230 mit 220 PS als Grundausstattung, kombiniert mit einem Fünfganggetriebe. Ungeachtet der Vorliebe der Kundschaft für Dieselmotoren in schweren Trucks konnte der LTS – so wie die meisten Ford-Lkw – auch mit einem von zwei möglichen Super Duty-Benzinmotoren ausgestattet werden, einem 7,8- und einem 8,8-Liter-V8 mit 253 bzw. 266 PS.

Land	USA
Baujahr	1977
Motor-Bauart	Sechszylinder-Reihenmotor, Diesel
Lage	Front
Antrieb	Heck
Hubraum (ccm)	14.010
Leistung (PS)	220

„The Two-Storey Ford" – der zweistöckige Ford. So lautete der Spitzname des CL/CLT-9000, der im Jahr 1977 die zehn Jahre alte W-Series ablöste.

Ford CL/CLT-9000

Ford hatte viel in den CL/CLT-9000 Truck investiert, um die technologische Führerschaft auf dem Gebiet der Schwerlast-Lkw zu erringen. Die hohe Kabine mit ihrer 16,7 Quadratmeter großen Windschutzscheibe bot einen Ausblick wie aus einem Kontrollturm, war aus einer Aluminiumlegierung und konnte mit einer Luftfederung ausgestattet werden, was maximalen Komfort für die Cockpitbesatzung versprach. Überhaupt wurde bei der Entwicklung des Fahrerhauses mehr Wert auf die Bequemlichkeit der Fahrer gelegt als je zuvor. Das hier abgebildete Sleeper Cab konnte bis zu 2,80 m lang sein und verfügte damit über einen Schlafplatz hinter den Vordersitzen, der 1,37 m breit und 2,03 m lang war – genug Raum auch für hoch gewachsene Trucker. Natürlich gab es auch wie bisher Versionen mit kürzeren BBC-Maßen und ohne Schlafgelegenheit. Die wohl ultimative Sonderausstattung war eine doppelte Klimaanlage für Fahrer und Beifahrer, verfügbar in den Sleeper Cabs.

Land	USA
Baujahr	1988
Motor-Bauart	Sechszylinder-Reihenmotor, Turbodiesel
Lage	Front
Antrieb	Heck
Hubraum (ccm)	9996
Leistung (PS)	270

Ford Aeromax LTA-9000

Die Familienähnlichkeit mit der L-Series war unverkennbar, als Ford 1988 seine neue Truck-Modellreihe mit dem Namen Aeromax vorstellte. Basierend auf dem LS-9000 mit der nach hinten versetzten Vorderachse, dessen Kabine er übernahm, erhielt der Aeromax eine geglättete, windschlüpfige Karosserie, die ausdrücklich der Senkung des Kraftstoffverbrauches dienen sollte. Ford warb sogar damit, dass der Aeromax satte 7,88 Meilen pro Gallone zurücklegte, was knapp 30 Litern Spritverbrauch pro 100 Kilometer entsprach, und das mit dem schweren serienmäßigen Cummins L10 Formula 270-Turbodiesel mit 10 Liter Hubraum und 270 PS. Dazu trug nicht nur die Eliminierung von Ecken und Kanten an der Fahrzeugfront bei, sondern auch die integrierten Kraftstofftanks.

Die AeroBullet-Schlafkabine, auch „Flying V"- „Fliegendes V" genannt, lenkte den Fahrtwind elegant über den Sattelauflieger und bot obendrein den Insassen der Kabine mehr Kopffreiheit.

GMCs Brigadier, hier als Doppelachser, konkurrierte auch 1985, als dieses Foto entstand, auf dem Markt für Schwerlaster. In den 1980ern fielen manche Längenrestriktionen für Trucks in den USA und Kanada fort, was einen anhaltenden Trend hin zu Hauben-Lkw auslöste, wovon der Brigadier allerdings nicht profitierte, denn auch er war von sinkenden Verkaufszahlen betroffen.

Land	USA
Baujahr	1979–1989
Motor-Bauart	V8-Motor, Benziner / V6-Motor, Diesel, Zweitakter
Lage	Front
Antrieb	Heck
Hubraum (ccm)	6997–9046
Leistung (PS)	220–307

GMC Brigadier

Der Brigadier übernahm zwar das Fahrerhaus seines Vorgängers, des 7500, aber mit beträchtlichen Änderungen, nicht nur äußerlich. Statt der abnehmbaren Motorhaube aus Stahl des alten Modells verfügte der Brigadier über eine kippbare Motorhauben/Kotflügeleinheit aus Kunststoff. Der Brigadier war, zumindest im leichteren Modell 8000, sowohl mit Benzin- als auch mit Dieselmotoren erhältlich; die angegebenen Daten beziehen sich auf den 7,0-Liter-V8-Benziner von Chevrolet. Den schwereren 9500 gab es nur mit Dieseln. Verfügbar mit Radständen von 3.531 bis 5.537 mm, war der GMC-Truck in der Ausführung 9500 in der Gewichtsklasse bis 36 Tonnen angesiedelt, der 8000 war bis 27 Tonnen Gesamtgewicht zugelassen. Ab Werk kam der 9500 mit dem Detroit Diesel 6V92TTA, dessen 307 PS bei 1.900/min anfielen, das maximale Drehmoment von 1.298 Nm lag bereits bei 1.300/min an. Andere Motoren im Angebot stammten von Cummins oder Caterpillar.

Nachdem Volvo 1980 den traditionsreichen amerikanischen Lkw-Hersteller White übernommen hatte und 1986 einen 85-prozentigen Anteil an der Schwerlastsparte von General Motors erwarb, produzierte man den Brigadier unter dem Dach der neu entstandenen Volvo GM Heavy Truck Corporation noch bis 1989 unter der Markenbezeichnung WhiteGMC.

Land	USA
Baujahr	1981
Motor-Bauart	V6-Motor, Diesel, Zweitakter
Lage	Front
Antrieb	Heck
Hubraum (ccm)	9045
Leistung (PS)	270–290

Schon früh im Leben des GMC Astro wurde der Truck auch als Sondermodell angeboten, die sogenannte Special Series. Das Besondere daran war das Erscheinungsbild des Lasters, vor allem die spezielle Lackierung rund um die Windschutzscheibe, die manchen Betrachter an die Maske eines Banditen erinnerte. Auch an Chromzierrat wurde nicht gespart. Die Nebelleuchten unterhalb der Stoßstange gehörten ebenfalls zum Ausstattungspaket wie ein Upgrade der Fahrerkabine, die in der Special Series deutlich plüschiger und komfortabler ausfiel und obendrein serienmäßig mit einem hochwertigen Soundsystem und einer CB-Funkanlage glänzte.

GMC Astro 95

1981 war das erste Jahr, in dem GMCs schwere Trucks ohne ihre Schwestermodelle, wie Chevrolets Titan, auf dem Markt agierten. Für GMC bedeutete das Zuwächse bei den Verkaufszahlen, da man Kundschaft von Chevy übernahm. Technisch blieb es im Astro weitgehend beim Alten, außer dass das Motorenprogramm gestrafft wurde. Der große V12 von Detroit Diesel, der 12V71, ein Extra ab 1972, wurde so selten geordert, dass er 1978 aus dem Programm fiel. Der 6-71-Reihensechszylinder von Detroit Diesel, der seit 1969 Standardausstattung im Astro gewesen war, wurde 1979 durch den 6V92TTA (im Datenblatt) ersetzt. Der kleinere 6V71 wurde 1980 eingestellt. Was blieb, waren die V8-Diesel 8V71 und 8V91 mit 9,3 bzw. 12,1 Liter Hubraum, sowie die N- und K-Serie von Cummins und der Caterpillar 3406, welche alle die Aufpreisliste des Astro bis zu seiner Produktionseinstellung 1987 zierten. Schließlich sanken die Verkaufszahlen auch trotz der luxuriös ausgestatteten Sonderedition „Special Series“ ab Mitte der 1980er Jahre ab. Die Kundschaft wanderte ab zur moderneren Konkurrenz. GMC verschmolz 1987 sein Schwerlastgeschäft mit Volvo, wodurch die Marke WhiteGMC entstand, die ihrerseits 1995 eingestellt wurde.

Mit sogenanntem Day-Cab steht der Astro 95, das Schwestermodell von Chevrolets Titan, in der Grundausstattung vor weiteren Vertretern der GMC-Truck-Produktpalette.

Der Blick ins Fahrerhaus des Astro 95: Links neben der Lenksäule der Geschwindigkeitsmesser, rechts der Drehzahlmesser, darunter der Choke. Der kleine silberne Hebel neben der Lenksäule ist für die Höhenverstellung des Lenkrades. Rechts neben dem Lenkrad die Feststellbremse mit Druckanzeigen für die zwei Bremskreise. Die sechs kleinen Rundinstrumente auf dem Schaltbrett rechts davon sind Anzeigen für Kühlwassertemperatur, Öldruck und Stromstärke (erste Reihe), darunter Kraftstoffanzeige und Öltemperatur (zweite Reihe), ganz unten die Luftfilterdurchsatzanzeige. Auf dem Schaltbrett ganz rechts sind die Anzeigen für die Öltemperatur im Getriebe (oben) und in der/den Antriebsachse(n). Darüber hinaus sind dort Schieberegler für den Ventilator, die Klimaanlage, die Luftzufuhr, die Heizung, und die Temperatureinstellung sowie ein paar weitere Kleinigkeiten.

1985, als dieser Sattelschlepper fotografiert wurde, kam ein sogenanntes Walk-In Sleeper Cab zu GMCs Fahrerkabinen-Angebot hinzu, also eine Kabine, die man von außen betreten konnte. Die Tür ist am hinteren Ende der Kabine erkennbar.

Land	USA
Baujahr	1986
Motor-Bauart	V6-Motor, Diesel
Lage	Front
Antrieb	Heck
Hubraum (ccm)	9046
Leistung (PS)	270

GMC Five-Star General Tractor

Bereits 1977, ein Jahr vor dem Brigadier, stellte GMC sein neuestes und schwerstes Modell, den General, und das Chevrolet-Schwestermodell Bison vor. Die Kabine stammte vom Fachhersteller Budd und war komplett aus Aluminium gefertigt. Es gab den General mit zwei BBC-Maßen, 2.743 und 2.946 mm, mit Day Cab und einem 86 cm breiten Sleeper Cab. Eine ungewöhnliche Option für den General bot GMC mit dem Vehicle Glider an. Dabei erhielt der Kunde einen kompletten Truck, aber ohne Motor und Antriebsstrang einschließlich Hinterachsen. Das ermöglichte dem Käufer, eine Motor/Antriebseinheit, die bereits in seinem Besitz war, in das neue Fahrzeug einzubauen. Alternativ konnte er auch den Glider mit auf seine speziellen Bedürfnisse zugeschnittenen Extras nachrüsten lassen, die er beim GMC-Händler nicht bekam. Der letzte GMC General wurde 1987 unter Volvo-Regie gebaut.

1965 in dieser Form vorgestellt und als Transtar 4000 vermarktet, war der Unistar eine, wenn auch kurzlebige, allradgetriebene Version des DCOF 405. Die vordere Freilaufachse wurde immer dann angetrieben, wenn das Antriebssystem Schlupf an den Hinterrädern entdeckte.

Land	USA
Baujahr	1970–72
Motor-Bauart	Sechszylinder-Reihenmotor, Diesel
Lage	Front
Antrieb	Heck
Hubraum (ccm)	14.010
Leistung (PS)	300

International Unistar CO-7044A

Auch in den 1970er Jahren war die International Harvester Corporation ein nach wie vor ernstzunehmender Wettbewerber auf dem nordamerikanischen Lkw-Markt und bot interessante Trucks, wie den hier gezeigten Unistar, der von 1970-72 gebaut wurde. Problemlos erkennt man den Unistar als direkten Nachfolger des DCOF 405 wieder (vgl. S. 54). Zugelassen für ein maximales Gesamtgewicht von 59 Tonnen, wurde der Unistar serienmäßig von einem Cummins NTC-300 mit 14 Liter Hubraum und 300 PS angetrieben, gegen Aufpreis standen sieben weitere Cummins-Sechszylinder mit bis zu 370 PS und drei V8-Zweitakt-Diesel von Detroit Diesel zur Wahl. 1985 verkaufte International Harvester seine Landmaschinensparte und war von da an unter dem neuen Firmennamen Navistar als reiner Lkw- und Motorenhersteller tätig – bis auf den heutigen Tag.

Neben dem Einsatz als Sattelschlepper wurde diese Baureihe auch häufig für Sonderzwecke eingesetzt, etwa als Betonmischer, Feuerwehrfahrzeug oder für das Technische Hilfswerk.

Land	Deutschland
Baujahr	1970
Motor-Bauart	Sechszylinder-Reihenmotor, Diesel
Lage	Front
Antrieb	Heck
Hubraum (ccm)	7274
Leistung (PS)	126

Mercedes-Benz L 1413

Eine der langlebigsten Baureihen von Mercedes-Benz war zweifellos der sogenannte mittelschwere Kurzhauber, der 1959 debütierte. Ausgelegt für ein zulässiges Gesamtgewicht von 7,5–18 Tonnen, wurde der Lkw mit der unverwechselbaren Form insgesamt bis 1995 gebaut, sowohl in Deutschland als auch in Lateinamerika. Die hier abgebildete Sattelzugmaschine aus dem Jahr 1970 (erkennbar an der hohen Windschutzscheibe, die 1967/68 eingeführt wurde) trägt die Typenbezeichnung 1413, also gemäß der 1963 eingeführten Firmennomenklatur handelt es sich um einen 14-Tonner mit 130 PS, beides aufgerundet. Natürlich gab es darüber hinaus sowohl leichtere (L 710/911/113) als auch schwerere Ausführungen (L 1513/1517/1813/1819) und dementsprechend schwächere Motoren mit 100 oder 110 PS und stärkere Triebwerke mit 170 oder 192 PS.

In malerischer Umgebung im Schwarzwald wurde dieser 1970er LPS 2032 in Diensten der damals in Wuppertal ansässigen Spedition Wohlfarth abgelichtet.

Land	Deutschland
Baujahr	1970
Motor-Bauart	V10-Motor, Diesel
Lage	Front
Antrieb	Heck
Hubraum (ccm)	15.950
Leistung (PS)	320

Mercedes-Benz LPS 2032

Der Mercedes-Benz LPS 2032, eine weitere schwere Sattelzugmaschine, war zugelassen für 20 Tonnen Gesamtgewicht, mit 320 PS. Das Besondere an diesem Fahrzeug war der Motor, der OM 403, ein voluminöser V10-Saugdiesel. Er gehörte der brandneuen OM 400-Motorenfamilie an, die erst 1969 auf der IAA in Frankfurt der Öffentlichkeit vorgestellt worden war. Gemeinsam entwickelt von Mercedes und MAN, gehörten dieser Familie V6-, V8-, V10- und V12-Motoren an. Gemeinsam traten sie in den 1970er Jahren die Nachfolge der in die Jahre gekommenen Reihensechszylinder der schon mehrfach erwähnten OM 300-Motorenfamilie an.

Dank den 230 PS des Motors OM 355 war auch der zusätzliche Anhänger für diesen L 1623 der Firma Wirsdörfer Baustoffe aus Dortmund kein Problem.

Land	Deutschland
Baujahr	1971
Motor-Bauart	Sechszylinder-Reihenmotor, Diesel
Lage	Front
Antrieb	Heck
Hubraum (ccm)	11.581
Leistung (PS)	230

Mercedes-Benz L 1623

Der große Bruder des mittelschweren Kurzhaubers war der bereits 1958 vorgestellte schwere Kurzhauber, der bis 1982 in Deutschland sowie in Afrika, dem Mittleren Osten und Lateinamerika produziert und sogar bis 1995 in kleinen Stückzahlen neu aufgelegt wurde. Die verfügbaren Ausführungen umfassten Pritsche (L), Kipper (LK) und Sattelzugmaschinen (LS) mit Heck- und Allradantrieb (LA/LAK/LAS). Der L 1623 war ein 16-Tonner, der wie alle schweren Kurzhauber zunächst von einer Version des OM 300-Sechszylinder-Diesels von Mercedes-Benz angetrieben wurde, in diesem Fall von dem 1967 eingeführten OM 355 mit 230 PS. In den 1970er Jahren wurden auch die V6/V8/V10 und V12-Diesel der neuen Motorenfamilie OM 400 in den Kurzhaubern verbaut.

Das um 65° kippbare Fahrerhaus des L 1624 NG erleichterte Wartung und Reparaturen, ein tiefer eingebauter Kabinenboden verbesserte den Ein- und Ausstieg. Vor dem Baujahr 1978 zeigte sich der L 1624, wie hier, noch mit schmaleren Kotflügeln.

Mercedes-Benz L 1624 NG

Der Mercedes-Benz NG (Neue Generation) war ein 1973 lancierter Alleskönner, der sowohl die schweren als auch die mittelschweren Front- und Haubenlenker des Unternehmens ergänzte bzw. ablöste und bis 1988 gebaut wurde. Angeboten in der markentypischen Modellvielfalt, ist er hier als L 1617 zu sehen, also ein 16-Tonner mit Pritsche und kurzem Fahrerhaus. Unter der Haube arbeitet der OM 352A, ein aufgeladener 5,7-Liter-Sechszylinder mit 168 PS.

Land	Deutschland
Baujahr	1977
Motor-Bauart	Sechszylinder-Reihenmotor, Turbodiesel
Lage	Front
Antrieb	Heck
Hubraum (ccm)	5675
Leistung (PS)	168

Die schwarzen Spiegelgehäuse und Typenschriftzüge dieses L 2628 sind sichere Indizien für die Modellpflege des Jahres 1980.

Land	Deutschland
Baujahr	1980
Motor-Bauart	V8-Motor, Diesel
Lage	Front
Antrieb	Heck
Hubraum (ccm)	14.618
Leistung (PS)	280

Mercedes-Benz L 2628 NG

1980 fand die erste tiefgreifende Überarbeitung der NG-Lkw statt. Neben den bereits 1978 eingeführten breiteren Kotflügeln, fiel die Chromleiste auf dem Kühlergrill weg. Nicht von außen erkennbar war die Erweiterung der Motorenpalette durch V-Motoren der OM 400-Baureihe, in diesem konkreten Fall der OM 422, ein V8 mit 14,6 Liter Hubraum und 280 PS. Damit ließ sich das zulässige Gesamtgewicht von 26 Tonnen zuverlässig und kraftvoll bewegen.

Land	Deutschland
Baujahr	1981
Motor-Bauart	V8-Motor, Turbodiesel
Lage	Front
Antrieb	Heck
Hubraum (ccm)	14.618
Leistung (PS)	435

Im Schwersteinsatz befand sich dieser L 2644 1981 beim Transport eines gigantischen V16-Schiffsmotors.

Mercedes-Benz L 2644 NG

Abgesehen von der Motorisierung (OM 422 LA) fällt an diesem Modell die mittellange Fahrerkabine mit den schmalen hinteren Fenstern auf, genannt M-Fahrerhaus. Sie war Mitte der 1970er Jahre in das NG-Programm aufgenommen worden, gefolgt vom L-Fahrerhaus mit zwei Liegen und 1979 vom GR (Großraum)-Fahrerhaus. Letzteres wurde im Rahmen der Modellpflege zu einer echten Fernverkehrskabine mit hohem Dach und Kleidergarderobe erweitert. Ein weiteres Erkennungsmerkmal der überarbeiteten NGs waren die Windabweiser neben dem Kühlergrill an den Karosserieecken. Meistens waren sie schwarz, hier sind sie in Wagenfarbe lackiert.

Mit seinen vier Achsen, 344 PS, 1.304 Nm Drehmoment und wahlweise Allradantrieb war der L 3336 K NG perfekt geeignet für den Einsatz im unwegsamen Terrain – ob auf der Baustelle …

… oder als Transporter beim Rohstoffabbau.

Mercedes-Benz L 3336 K NG

1985 wurde die Neue Generation ein letztes Mal überarbeitet. Eine bedeutende Neuerung war das Debüt vierachsiger Modelle, die in jenem Jahr auf der Hannover-Messe vorgestellt wurden. Der Kipplaster mit 4.100 oder 4.500 mm Radstand konnte sowohl als 8x4- als auch als 8x8-Version geordert werden, also mit Heck- oder Allradantrieb. Ein solches Fahrzeug verlangte nach üppiger Motorisierung – und Mercedes lieferte. Unter der Haube war der OM 423, ein 18,3-Liter-V10-Saugdiesel, der gelassen 355 PS abgab und, was noch wichtiger war, 1.304 Nm Drehmoment.

Land	Deutschland
Baujahr	1985
Motor-Bauart	V10-Motor, Diesel
Lage	Front
Antrieb	Heck
Hubraum (ccm)	18.273
Leistung (PS)	355

Der zusätzliche Name „Super“ wurde bei Scania wörtlich genommen: Der beim LBT 140 Super verbaute 14,2-Liter-Turbodiesel galt seinerzeit als leistungsstärkster Motor Europas.

Im Jahr 1974 stand bei Scania ein Generationenwechsel an, die 0 am Ende der Modellbezeichnungen wich einer 1 – so auch bei der L-Serie, hier repräsentiert durch zwei LBS 141 (S=Sattelschlepper). Die Neuerung war zunächst jedoch rein optischer Natur und betraf im Wesentlichen die neuen runden Schweinwerfer oberhalb der Stoßstange.

Land	Schweden
Baujahr	1970
Motor-Bauart	V8-Motor, Turbodiesel
Lage	Front
Antrieb	Heck
Hubraum (ccm)	14.181
Leistung (PS)	350

Scania LBT 140 Super

1968 war es, als der schwedische Nutzfahrzeughersteller Scania den Zusatznamen Vabis wegfallen ließ, seine Frontlenker-Lkw mit einem eckigen neuen Fahrerhaus versah und sich ein neues Typenbezeichnungssystem verordnete. Der hier abgebildete Truck war ein Modell vom Typ LBT 140 Super. Das L stand für Lastwagen, B für Frontlenker, T für die Achsauslegung 6x4 mit angetriebener hinterer Doppelachse, 14 gab den Hubraum in Litern an, die Ziffer 0 schließlich stand für die Modellgeneration, die bis 1973 gebaut wurde. Das Wort Super stand für die Turboaufladung des verbauten 14,2-Liter-Turbodiesel-V8. 1969 eingeführt, galt er mit seinen 350 PS zu jener Zeit als der leistungsstärkste Motor Europas.

Im Jahr 1974, als das Foto entstand, war der schwedische Lkw-Hersteller auch international schon sehr umtriebig. So schaffte es dieser LT 111 bis nach Südkorea.

Land	Schweden
Baujahr	1974
Motor-Bauart	Sechszylinder-Reihenmotor, Turbodiesel
Lage	Front
Antrieb	Heck
Hubraum (ccm)	10.996
Leistung (PS)	305

Scania LT 111 4x2

Neben den Frontlenkern behielt Scania auch weiterhin seine Hauben-Lkw mit ihrem geradezu klassischen Nachkriegsdesign im Programm. Dieser LT 111 4x2 war laut Modellbezeichnung ein Lastwagen (L) mit Motorhaube (T), hatte einen 11-Liter-Motor und gehörte der Generation 1 an. In den Genuss des Turbo-V8 kamen die mittelschweren Scania-Haubenlenker ebenso wenig wie ihre Vorgänger bis dahin, es blieb beim 11-Liter-Reihensechszylinder mit Turbolader.

Dieser Lastwagen hatte keine Motorhaube im eigentlichen Sinn, sondern seit 1972 eine Hauben-/Kotflügeleinheit, die nach vorne weggeklappt werden konnte.

Scania L 140 4x2

Dieser schwere heckgetriebene Scania L 140 gehörte, wie es die Modellbezeichnung verrät, der Generation 0 an und arbeitete mit dem gleichen V8 wie sein Stallgefährte in Frontlenkerausführung. Wer das nicht von selbst erkannte, dem half das V8-Emblem auf dem Kühlergrill auf die Sprünge. An der Flanke der Motorhaube fand sich der Schriftzug „Super“, was auf die Turboaufladung hinwies. Die Bauweise des L 140 wurde bis 1976 beibehalten, als auch die schweren Scania-Haubenlenker den Wechsel in die Generation 1 vollzogen.

Land	Schweden
Baujahr	1975
Motor-Bauart	V8-Motor, Turbodiesel
Lage	Front
Antrieb	Heck
Hubraum (ccm)	14.181
Leistung (PS)	350

Ab 1980 kam Scanias 14,2-Liter-V8 in den Genuss einer Leistungssteigerung. Das Resultat waren beeindruckende 388 PS, die dem T 142 gerade auch bei einem Einsatz im Bauwesen zugute kamen.

Land	Schweden
Baujahr	1980
Motor-Bauart	V8-Motor, Turbodiesel
Lage	Front
Antrieb	Heck
Hubraum (ccm)	14.181
Leistung (PS)	388

Scania T 142 E 6x4

1980 war es wieder an der Zeit für einen Generationenwechsel bei Scania. Davon zeugt der T142 E 6x4 Sattelschlepper. Das Fahrerhaus wurde kantiger und massiver in der Anmutung und auch die Typenbezeichnungen wurden modifiziert. Bei unserem Beispielfahrzeug stand das T für Haubenlenker, 14 wie bisher für den 14-Liter-V8 (jetzt mit mehr Leistung) und die 2 für die Modellgeneration. Neu war der Zusatz E für „extra heavy“, überschwer, womit die Tragfähigkeit des Rahmens angegeben wurde. Das hieß konkret: Doppelte Rahmenschienen für Schwertransporte und Baustellenfahrzeuge wie den hier gezeigten Truck. M stand dementsprechend für „medium“, mittelschwer, geeignet für Verteiler- und Regionalverkehr, und H für „heavy“, schwer, geeignet für den Fernverkehr dank hoher Steifigkeit des Chassisrahmen.

1983 stand bei Scania bereits die nächste konsequente Leistungssteigerung des V8 an: 420 PS machten den DSC14 getauften Motor zum Leistungskönig im europäischen Fernverkehr.

Land	Schweden
Baujahr	1983
Motor-Bauart	V8-Motor, Turbodiesel, Intercooler
Lage	Front
Antrieb	Heck
Hubraum (ccm)	14.181
Leistung (PS)	420

Scania 142 H 6x2

Die 1980 auf den Markt gebrachte Frontlenker-Ausführung der zweiten Generation des Scania 142 präsentierte sich mit kantigerem, aber nach wie vor unverwechselbarem Fahrerhaus dank des Kühlergrills mit den prägnanten Querbalken. Das H kennzeichnete den abgebildeten Langholztransporter als „heavy“. Die Aufschrift auf dem Kühlergrill machte deutlich, dass hier wiederum Scanias aufgeladener V8 mit der Bezeichnung DS14 bzw. jetzt DSC14 unter der Kabine arbeitete, seit 1983 allerdings mit Ladeluftkühler, 420 PS stark und nun tatsächlich Europas leistungsstärkster Motor im Fernverkehr. 1988 wurde die dritte Scania-Modellgeneration vorgestellt, die jedoch äußerlich unverändert gegenüber den Lkw der zweiten Generation blieb und bis 1995 gebaut wurde.

Land	Schweden
Baujahr	1971
Motor-Bauart	Sechszylinder-Reihenmotor, Turbodiesel
Lage	Front
Antrieb	Heck
Hubraum (ccm)	11.979
Leistung (PS)	330

Der hauseigene TD120A-Motor wurde durch das SR61-Schaltgetriebe mit 16 Gängen ergänzt, ebenfalls eine Eigenproduktion.

Volvo F89

Während des Berichtszeitraums dieses Kapitels hat natürlich auch Volvo interessante Lkw auf die Straße gebracht, von denen hier einige wenige betrachtet werden sollen. Da wäre zunächst der abgebildete F89, etwa 1972 fotografiert. Mit diesem leistungsstarken Modell wollte Volvo nicht zuletzt auf dem deutschen Markt erfolgreich sein, wo 1972 eine PS-Untergrenze für Lkw von 8 PS pro Tonne Fahrzeuggewicht gesetzlich festgelegt wurde. Das Ergebnis war eine deutliche Leistungszunahme bei Motoren aller Hersteller in Europa. Anstatt, wie die deutsche Konkurrenz, auf massiven Hubraum zu vertrauen, setzte Volvo auf Turboaufladung, mit der aus dem nach Lkw-Maßstäben relativ kleinen Sechszylinder reichlich Power herausgeholt werden konnte.

Der Globetrotter, auch ohne entsprechenden Schriftzug erkennbar an seinem höheren Dach, war das Spitzenmodell der 1977 vorgestellten Frontlenker-Baureihe F10/F12 von Volvo und arbeitete ebenfalls mit dem mittlerweile allgegenwärtigen 12-Liter-Sechszylinder mit Turbolader.

All die Sicherheit und Bequemlichkeit des F10/12 taten seiner Leistungsfähigkeit keinen Abbruch, wie das Bild eines F12 bei der Arbeit in den Wäldern Finnlands beweist.

Land	Schweden
Baujahr	1977
Motor-Bauart	Sechszylinder-Reihenmotor, Turbodiesel
Lage	Front
Antrieb	Heck
Hubraum (ccm)	11.979
Leistung (PS)	330

Volvo F12

Volvos Anspruch, die sichersten Autos der Welt zu bauen, manifestierte sich nicht nur in seinen Pkw, sondern auch in den firmeneigenen Lastwagen. In dieser Hinsicht setzte die 1977 vorgestellte Frontlenker-Baureihe F10/F12, genauer gesagt deren Fahrerhaus, neue Maßstäbe. Obwohl die Kabine dank Leichtmetallkonstruktion ein vergleichsweise geringes Eigengewicht hatte, bestand sie dennoch alle relevanten schwedischen Crashtests, die strengsten der Welt. Das Fahrerhaus war über Schraubenfedern mit dem Chassis verbunden, was den Komfort erheblich verbesserte. Im Innenraum fanden sich durchgängig gepolsterte Oberflächen, scharfe Ecken und Kanten waren eliminiert worden. Ein höhenverstellbares Lenkrad, große Glasflächen und eine integrierte Klimaanlage rundeten das Paket ab.
Das Globetrotter getaufte Sondermodell des F12 galt seinerzeit als der luxuriöseste Lkw der Welt. Dieser Luxus offenbarte sich im großen Platzangebot und bis dahin unbekannten Extras wie einem Kühlschrank, einem Wasserbehälter, einem Waschbecken, und sogar einer kompakten Küche. Maximaler Komfort bedeutete zufriedene, ausgeruhte Fahrer, ein zentraler Aspekt sowohl in puncto Sicherheit als letztlich auch Wirtschaftlichkeit.

MAMMUTAUFGABEN: LASTWAGEN IM SPEZIALEINSATZ

In diesem Unterkapitel beschäftigen wir uns nicht mit dem Transport von Gütern, sondern mit anderen Dienstleistungen, zu den Lkw herangezogen werden. Eine besondere Rolle spielen dabei naturgemäß Feuerwehren und Rettungsdienste auf der ganzen Welt, aber auch weniger glamouröse und dennoch unverzichtbare Dienstleister wie die Abfallwirtschaft und die Straßenreinigung. Sie alle halten unsere Gesellschaft zuverlässig am Laufen und werden als mehr oder weniger selbstverständlich angesehen. Ohne ihre entsprechend ausgerüsteten Spezialfahrzeuge und könnten sie ihre Arbeit nicht machen. Werfen wir mal einen Blick darauf.

Die Feuerwehr braucht von jeher robuste, zuverlässige Fahrzeuge zum Löschen, Bergen, Retten und Schützen. Hier eine Auswahl von Scania-Leiterwagen der schwedischen Feuerwehr: In der unteren Reihe von links nach rechts Scania-Vabis-Modelle von 1915, 1919, und 1931, in der oberen Reihe von links nach rechts eine Scania-Vabis von 1939, ein 1951er Scania L64 (eigentlich ein Magirus-Deutz, wie das Emblem auf dem Kühlergrill zeigt), und ein 1980er Scania LB81.

MAMMUTAUFGABEN: LASTWAGEN IM SPEZIALEINSATZ

Land	Schweden
Baujahr	1931
Motor-Bauart	Sechszylinder-Reihenmotor, Benziner
Lage	Front
Antrieb	Heck
Hubraum (ccm)	4095
Leistung (PS)	75

Volvo LV68/69/70

Volvos Modelle LV68/69/70 – der Zahlencode bezeichnete den Radstand – wurden 1931 vorgestellt und waren Lkw für mittlere Lasten, ihre Schwerlastvarianten LV66/67 mit Tandemachse folgten 1933. Alle konnten mit einer Vielzahl von Aufbauten versehen werden, als traditionelle Transportfahrzeuge, aber auch als Busse oder Feuerwehrfahrzeuge. Dies ist ein LV70 mit dem langen Radstand von 4.560 mm. Zwischen 1931 und 1936 wurden rund 2.730 Exemplare aller Versionen hergestellt.

Land	Schweden
Baujahr	1940
Motor-Bauart	Sechszylinder-Reihenmotor, Benziner
Lage	Front
Antrieb	Heck
Hubraum (ccm)	7565
Leistung (PS)	140

Volvo TVB

Der TVB und sein Vorläufer TVA wurden von Volvo für die schwedische Armee als 6x4-Geländetruck entwickelt, der vor allem als Zugfahrzeug für Artilleriegeschütze und Flugabwehrkanonen gedacht war. Den Antrieb besorgte der 7,6-Liter-Motor aus dem Longnose-Lkw, allerdings mit einer Trockensumpfschmierung ausgestattet, die gerade in schwerem Gelände die Ölversorgung des Motors sicherte. Der TVB blieb rund 20 Jahre im Dienst der schwedischen Streitkräfte.

Land	Schweden
Baujahr	1942
Motor-Bauart	Sechszylinder-Reihenmotor, Benziner
Lage	Front
Antrieb	Heck
Hubraum (ccm)	7565
Leistung (PS)	14

Volvo TVC

Der von 1942–44 gebaute Volvo TVC war eine Weiterentwicklung der Modelle TVA und TVB, allerdings als Frontlenker ausgelegt, und – als erster Volvo überhaupt – mit Allradantrieb ausgestattet. Mit seiner viertürigen Kabine konnte er zusätzlich die Besatzung der von ihm gezogenen Artilleriegeschütze zeitgleich zum Einsatzort transportieren. Auch der TVC sollte der schwedischen Armee noch lange über den Zweiten Weltkrieg hinaus dienen und wurde entsprechend modellgepflegt, zum Beispiel durch den Erhalt einer überarbeiteten Kabine und die Verwendung des 10-Liter-Benziners aus dem Volvo Titan.

Land	USA
Baujahr	1946
Motor-Bauart	V8-Motor, Benziner
Lage	Front
Antrieb	Heck
Hubraum (ccm)	3916
Leistung (PS)	100

Ford Müllsammler

Es war völlig klar, dass die Stadt Dearborn in Michigan, wo die Ford Motor Company beheimatet war und bis heute ist, keine andere Automarke für ihre städtische Fahrzeugflotte verwenden konnte als Ford. Das betraf selbstverständlich auch die Entsorgungsbetriebe (Waste Division), die 1946 solche Heavy Duty-Chassis & Cab-Modelle mit Sonderaufbau als Müllsammler einsetzten. Wie damals üblich, wurde der Abfall lediglich aus der Stadt herausgefahren und auf einer riesigen Deponie unsortiert verkippt. Recycling? Fehlanzeige.

MAMMUTAUFGABEN: LASTWAGEN IM SPEZIALEINSATZ

Land	Niederlande
Baujahr	1953
Motor-Bauart	Sechszylinder-Reihen-motor, Benziner
Lage	Front
Antrieb	Heck
Hubraum (ccm)	5555
Leistung (PS)	132

DAF YA-328

Mit dem 1952 in Dienst genommenen DAF YA-328 machten sich die Niederlande weniger abhängig von den ausgedienten britischen und amerikanischen Militärfahrzeugen, die sie nach dem Zweiten Weltkrieg von den Alliierten übernommen hatten. Die Modellbezeichnung bedeutete Y=Militärfahrzeug, A=Allgemein, 3=Ladekapazität in Tonnen, 2=Serie 2, 8=8 Räder. 4.510 YA-328 wurden bis 1958 produziert, die meisten davon als Zugfahrzeug für Artilleriegeschütze, wie auf diesem Bild zu sehen ist.

Land	Deutschland
Baujahr	1956
Motor-Bauart	Sechszylinder-Reihen-motor, Diesel
Lage	Front
Antrieb	Heck
Hubraum (ccm)	4580
Leistung (PS)	100

Mercedes-Benz LM 311 Müllsammler

Ein Müllsammler von 1956 auf Basis des von 1949 bis 1961 gebauten Mercedes-Benz L 311, wie die Baureihe ab 1955 genannt wurde. Der kippbare Sonderaufbau stammt von dem 1898 gegründeten Augsburger Traditionsunternehmen Kuka, kurz für Keller und Knappich Augsburg, das sich nach dem Ersten Weltkrieg im Bereich Kommunalfahrzeuge zu engagieren begann, wenige Jahre später die Marktführerschaft in Deutschland übernahm und heute im Schwerpunktbereich Robotik erfolgreich tätig ist. Der Betreiber des Fahrzeuges, Pfitzenmaier und Rau Müll- und Fäkalienabfuhr, war noch bis vor wenigen Jahren in der Entsorgungswirtschaft tätig.

Land	Deutschland
Baujahr	1962
Motor-Bauart	Sechszylinder-Reihen-motor, Diesel
Lage	Front
Antrieb	Heck
Hubraum (ccm)	8276
Leistung (PS)	145

Mercedes-Benz L 315 Kranwagen

Dieser Mercedes-Benz L 315 aus dem Jahr 1962 wurde mit einem Sonderaufbau zum sogenannten Rüstkraftwagen R10 umgebaut. Der Kran konnte bis zu 10 Tonnen Gewicht stemmen und hatte einen Drehwinkel von bis zu 90° in beide Richtungen. Er wurde bei Unglücksfällen zum Heben schwerer Lasten eingesetzt, z.B. von verunfallten Fahrzeugen, die im Straßengraben gelandet waren.

Land	Schweden
Baujahr	1980
Motor-Bauart	V8-Motor, Turbodiesel
Lage	Front
Antrieb	Heck
Hubraum (ccm)	14.188
Leistung (PS)	500

Scania T143H Schneepflug

Schwedischer geht's wohl kaum: Ein Scania T143H 1987 im Einsatz als Schneepflug. Wir erinnern uns: T steht für Haubenlenker, 14 für 14 Liter Hubraum, 3 für die dritte Modellgeneration und H für Heavy, also schwere Nutzanwendungen. Schneeräumen in den schwedischen Wäldern gehört zweifellos dazu. Solche Anbauten laufen üblicherweise über einen Nebenantrieb am Getriebe.

MAMMUTAUFGABEN: LASTWAGEN IM SPEZIALEINSATZ

Liebherr 1040/1 Kranwagen

Der Florian Oberhausen 02 KW40 01, so sein Funkrufname, war ein Kranwagen, der von 1994 bis 2016 bei der Berufsfeuerwehr Oberhausen auf der Wache 2 in Sterkrade seinen Dienst versah. Bis zu 40 Tonnen Gewicht bei drei Meter Ausladung konnte der Teleskop-Mobilkran von Liebherr, des deutsch-schweizerischen Herstellers u.a. von Baumaschinen, Kühl- und Gefriergeräten, heben. Der dreiteilige Teleskopausleger konnte von 9,50 bis 30 Meter Länge/Höhe ausgefahren werden, was bei voller Länge 77 Sekunden dauerte. Der Maximalwinkel, bis zu dem der Ausleger aufgerichtet werden konnte, betrug 80 Grad. Dafür benötigte das Gerät 33 Sekunden. Der Motor des Kranwagens war ein hauseigener Sechszylinder mit dem Werkscode LH D 926 TI.

Land	Deutschland
Baujahr	1994
Motor-Bauart	Sechszylinder-Reihenmotor, Turbodiesel, Intercooler
Lage	Front
Antrieb	Heck
Hubraum (ccm)	9960
Leistung (PS)	312

MAMMUTAUFGABEN: LASTWAGEN IM SPEZIALEINSATZ

Land	Schweden
Baujahr	2003
Motor-Bauart	Sechszylinder-Reihenmotor, Turbodiesel, Aftercooler
Lage	Front
Antrieb	Heck
Hubraum (ccm)	12.130
Leistung (PS)	460

Volvo FM12 Müllsammler

Natürlich ist eine etablierte Marke wie Volvo auch im Entsorgungsgewerbe aktiv. Dieser FM12 von 2003 war in Finnland im Einsatz. Interessanterweise wird auch dort – wie etwa auch in Nordamerika - ein Frontladersystem verwendet, bei dem der Müllbehälter von vorne über die Fahrerkabine gehoben und in den Laderaum des Fahrzeugs entleert wird. Dieses System benötigt nur eine Person als Bedienpersonal. Übrigens bedeutet die Aufschrift „Ympäristösi huoltaja" so viel wie „Pfleger Ihrer Umwelt".

Land	Schweden
Baujahr	2005
Motor-Bauart	Sechszylinder-Reihenmotor, Turbodiesel, Aftercooler
Lage	Front
Antrieb	Heck
Hubraum (ccm)	9357
Leistung (PS)	425-500

Volvo FM9 Flughafen-Servicefahrzeug

Mit Kranwagen wie diesem 2005er Volvo FM9 können Wartungstechniker Außenbereiche eines Flugzeuges sicher und zügig erreichen, ohne die Maschine selbst betreten zu müssen, beispielsweise für die Druckluftreinigung der Tragflächen und des oberen Rumpfes. Auch eine visuelle Inspektion der Flugzeugoberseite aus der Krangondel heraus wird so deutlich erleichtert. Größere Kräne als das hier gezeigte Modell werden auch für die Beladung von Flugzeugen eingesetzt.

Land	Italien
Baujahr	2007
Motor-Bauart	Sechszylinder-Reihenmotor, Turbodiesel
Lage	Front
Antrieb	Allrad
Hubraum (ccm)	12.880
Leistung (PS)	500

IVECO Trakker Bergbau-Transporter

Ganz in seinem Element in einem Steinbruch, womöglich in Carrara, Heimat des berühmten Marmors, ist dieser 2007er IVECO Trakker Vierachser. Verfügbar mit Heck- und Alllradantrieb, übernahm er 2002 den Platz seines Vorgängers Eurotrakker, der ebenso wie sein Nachfolger Fahrerhaus und wesentliche technische Merkmale mit IVECOs Schwerlaster Stralis teilt. Im gezeigten Trakker ist der hauseigene Cursor 13-Motor verbaut, was an der Zahl 500 auf der Tür erkennbar ist; damit wird die Motorleistung angegeben. Der Trakker verwendet auch den kleineren Cursor 8 mit 7,8 Liter Hubraum und 310-360 PS.

Land	Schweden
Baujahr	2008
Motor-Bauart	Sechszylinder-Reihenmotor, Turbodiesel, Intercooler
Lage	Front
Antrieb	Heck
Hubraum (ccm)	11.705
Leistung (PS)	420

Scania P420 Leiterwagen

Fotografiert vor der imposanten Skyline von Shanghai präsentiert sich dieser 2007er Scania P420 mit einem Sattelauflieger, der einen Bronto Skylift aus Finnland trägt, ein je nach Modell bis auf 90 Meter ausfahrbarer Höhenretter, wie er zur Ausstattung von Feuerwehren weltweit gehört. Diese erste Generation der P-Series mit dem niedrig bauenden Fahrerhaus wurde von 2002–2017 produziert. Unter der Haube des Frontlenkers war damals Scanias DC12-Motor. Die markentypischen V8-Diesel waren für die schwerere R-Serie reserviert.

MAMMUTAUFGABEN: LASTWAGEN IM SPEZIALEINSATZ

Land	USA
Baujahr	2009
Motor-Bauart	V20-Motor, Turbo-diesel, Aftercooler
Lage	Front
Antrieb	Heck
Hubraum (ccm)	105.799
Leistung (PS)	3793

Caterpillar 797F

Wow! Das ist die typische Reaktion, wenn man den Caterpillar 797F zum ersten Mal sieht. Alles an diesem Truck ist gigantisch: Die Michelin 59/60/R83 XDR-Reifen, Stückpreis 42.500 Dollar; die Zuladung von 363 Tonnen; die Höhe (mit ausgefahrenem Kipper) von 15,70 m; das Gesamtgewicht von 623.700 kg; der Kraftstofftank mit einer Füllmenge von 7.570 Liter; die Höchstgeschwindigkeit von beachtlichen 68 km/h; und der Anschaffungspreis von 5.000.000 Dollar. Der 2009 vorgestellte 797F ist die dritte Generation dieser riesigen Kipplaster, die speziell für den Erz-, Gold- oder Kohlebergbau entwickelt wurden, der ursprüngliche 797 kam 1998 heraus.

Land	USA
Baujahr	2009
Motor-Bauart	V16-Motor, Turbodiesel, Aftercooler
Lage	Front
Antrieb	Heck
Hubraum (ccm)	84.999
Leistung (PS)	2505

Caterpillar 793F

Das ist der kleine Bruder des Caterpillar 797F, der 793F. Gerade einmal 250 Tonnen Nutzlast kann er transportieren bei einem Gesamtgewicht von 390 Tonnen. Der Kipper kann dank seiner Hydraulik innerhalb von 20 Sekunden angehoben und in 17 Sekunden wieder abgesenkt werden. Noch ein paar Zahlen gefällig: Der 85-Liter-Motor benötigt 312 Liter Öl und 1074 Liter Kühlflüssigkeit, der Kraftstofftank misst 2.839 Liter. Die Servolenkung benötigt 290 Liter Öl, das Differentialgetriebe 984 Liter. Der 793F ist 13,36 m lang, 8,56 m breit und 13,71 m hoch (Kipper unten).

Land	USA/Schweden
Baujahr	2011
Motor-Bauart	Sechszylinder-Reihenmotor, Turbodiesel, Intercooler
Lage	Front
Antrieb	Heck
Hubraum (ccm)	10.832
Leistung (PS)	420

Volvo VHD Betonmischer

Diesen Volvo-Betonmischer wird man in Europa vergeblich suchen, denn der VHD wurde speziell für die Bauwirtschaft in Nordamerika entwickelt, was man bereits an der charakteristischen Haubenlenker-Konstruktion erkennen kann. Der kurz nach der Jahrtausendwende vorgestellte VHD wird werksseitig als Kipplaster oder Sattelzugmaschine mit drei Achsen ausgeliefert, kann aber nach Kundenwunsch nahezu beliebig rekonfiguriert werden, z.B. mit zwei Hubachsen, wie hier zu sehen. Für den Vortrieb sorgen Volvos D11- oder D13-Turbodiesel, ersterer im Datenblatt angegeben

MAMMUTAUFGABEN: LASTWAGEN IM SPEZIALEINSATZ

Land	Deutschland
Baujahr	2012
Motor-Bauart	Sechszylinder-Reihenmotor, Turbodiesel, Intercooler
Lage	Front
Antrieb	Heck
Hubraum (ccm)	12.413
Leistung (PS)	440

MAN TGS 26.440 E5 Wechsellader

Die Werksfeuerwehr der Salzgitter AG verwendete 2012 diesen MAN TGS 26.440 Wechsellader, der für die Beförderung eines Aufsatzes für diverse Feuerwehrausstattungen eingesetzt wird. Seine Nachlaufachse ist gelenkt, wodurch der Wendekreis des Fahrzeuges deutlich reduziert und seine Manövrierfähigkeit verbessert wird. Für dieses Modell des TGS wird der D2676-Turbodiesel mit 440 PS verbaut, andere Ausführungen haben 480 und 520 PS.

Land	Deutschland
Baujahr	2014
Motor-Bauart	Sechszylinder-Reihenmotor, Turbodiesel, Intercooler
Lage	Front
Antrieb	Heck
Hubraum (ccm)	10.518
Leistung (PS)	400

MAN TGS Kanalreinigungsfahrzeug

Dieser 2014er TGS nutzt seine gelenkte Nachlaufachse im Dienst als Kommunalfahrzeug, speziell bei der Kanalreinigung. Die Hinterachsen können jeweils neun Tonnen tragen, mehr als genug für das schwere Hochdrucksystem, das bei der Reinigung der unterirdischen Abwasserkanäle eingesetzt wird. Der abgebildete TGS hat vermutlich den D2066 unter der Haube, MANs 10,5-Liter-Turbodiesel, den es mit 320, 360, 400 und 440 PS gab.

Land	Schweden
Baujahr	2016
Motor-Bauart	Sechszylinder-Reihenmotor, Turbodiesel, Intercooler
Lage	Front
Antrieb	Allrad
Hubraum (ccm)	12.736
Leistung (PS)	460

Scania G460 Bergbau-Kipplaster

Ein gern gesehener Mitarbeiter im Bergbau ist der Scania G460, hier als vierachsiger 8x4-Kipplaster von 2016 in einem Steinbruch im Mittleren Osten. Dies ist nur eine von insgesamt zehn verschiedenen Achskonfigurationen, mit denen die Modelle der G-Serie geordert werden können. Neben dem 13-Liter-Turbodiesel mit bis zu 560 PS Leistung gibt es auch noch den 9-Liter-Turbodiesel mit wahlweise 280, 320, 340 und 360 PS. Der Betreiber dieses Trucks, die Al Adrak Trading & Contracting LLC, ist in Oman beheimatet und eines der führenden Bauunternehmen des Landes.

Land	Deutschland
Baujahr	2018
Motor-Bauart	Sechszylinder-Reihenmotor, Turbodiesel, Intercooler
Lage	Front
Antrieb	Heck
Hubraum (ccm)	6.876
Leistung (PS)	290

MAN TGM 18.290 THW-Werkstattfahrzeug

Zu den überzeugten Nutzern des MAN TGM, der mittelschweren Baureihe des Herstellers, gehört auch das Technische Hilfswerk. Auf diesem Foto von 2018 sieht man zwei TGM 18.290 der ersten Modellgeneration im einem Einsatz für das THW Borna in einem Braunkohlentagebau im Mitteldeutschen Revier. Bei den Fahrzeugen handelt es sich um allradgetriebene Chassis-Modelle mit viertüriger, sechssitziger Doppelkabine und Sonderaufbau, hier als Werkstattfahrzeug.

MAMMUTAUFGABEN: LASTWAGEN IM SPEZIALEINSATZ

Mack Granite Höhenretter

Mack, die US-Tochter von Volvo, bietet seine Trucks ebenfalls für eine Reihe von zum Teil sehr speziellen Anwendungen an. Hier sehen wir zum Beispiel den Tower One, einen Höhenretter der Feuerwehr von Toronto, Kanada, vor der Kulisse des 553 m hohen Canadian National Tower. Dieser finnische Bronto Skylift, der auf dem speziell dafür ausgelegten Mack Granite Fünfachser montiert wurde, kann bis zu einer Höhe von 70 m ausgefahren werden und ist damit der größte Höhenretter in ganz Nordamerika. Am 4. Mai 2022 wurde der Tower 1 der Toronto Fire & Marine Station 334 zum Dienstantritt übergeben. Das Toronto Fire Department hat rund 3.300 Beschäftigte, 83 Feuerwachen und 57 Lösch- und 27 Rettungsfahrzeuge.

Land	USA
Baujahr	2022
Motor-Bauart	Sechszylinder-Reihenmotor, Turbodiesel, Intercooler
Lage	Front
Antrieb	Heck
Hubraum (ccm)	12.831
Leistung (PS)	415-505

Land	Deutschland
Baujahr	2023
Motor-Bauart	V8-Motor, Turbodiesel, Intercooler
Lage	Front
Antrieb	Heck
Hubraum (ccm)	15.928
Leistung (PS)	410

Mercedes-Benz Actros 3351L Schienentruck

Jeder, der U-Bahn fährt, weiß, was sich so alles an Abfall auf und zwischen den Gleisen ansammelt und regelmäßig entfernt werden muss – Zigarettenstummel, Fast-Food-Verpackungen, Getränkedosen, Papiertaschentücher – was immer unachtsame oder gleichgültige Zeitgenossen unerlaubterweise wegwerfen. Um diese unerfreulichen Hinterlassenschaften effizient und zügig zu entfernen, engagieren Bahnbetreiber in den Niederlanden und Belgien das Familienunternehmen AH Vrij, das unter anderem mit diesem Actros 3351L praktisch andauernd im Einsatz ist. Der kompakte, tunneltaugliche Lkw wurde mit einem ausfahrbaren Hilfsfahrgestell für den Schieneneinsatz nachgerüstet und befreit unter anderem den Schiphol-Tunnel mit seinem leistungsstarken Sauger von Schmutz und Abfall und das viermal im Jahr.

Land	USA
Baujahr	2004
Motor-Bauart	Sechszylinder-Reihenmotor, Turbodiesel, Intercooler
Lage	Front
Antrieb	Heck
Hubraum (ccm)	8900
Leistung (PS)	450

International HV607 Kranwagen

Der International HV607 ist nur eine von fünf Ausführungen dieser Serie des Herstellers und wird vor allem für den Bausektor angeboten, als Kipplaster, Abfalltransporter, Abbruchfahrzeug und eben als Kranwagen. Mit seinem BBC-Maß (Bumper to Back of Cab, also von der Stoßstange bis zur Rückwand des Fahrerhauses) von moderaten 2,72 m bietet er reichlich Platz für ein so raumgreifendes Nachrüstteil wie einen schwenkbaren Kran. Neben dem Cummins L9, der im Datenblatt steht, kann der HV607 auch mit dem kleineren B6.7, ebenfalls von Cummins, ausgerüstet werden und verfügt dann über 200–325 PS bei 6,7 Liter Hubraum.

MAMMUTAUFGABEN: LASTWAGEN IM SPEZIALEINSATZ

Land	USA
Baujahr	2024
Motor-Bauart	Sechszylinder-Reihenmotor, Turbodiesel, Intercooler
Lage	Front
Antrieb	Heck
Hubraum (ccm)	8900
Leistung (PS)	450

International MV Schneepflug

Für den mittelschweren Bereich bietet Navistar den International MV an, als Extended Cab mit Notsitzbank hinter den Vordersitzen, als viertüriges Travel Crew Cab und wie hier als Day Cab. Für den Einsatz als Schneepflug wird der MV mit einem um 508 mm nach vorne verlängerten Chassisrahmen versehen, an dem ein 3,35 m breiter Pflug montiert wird. Wegen des Eigengewichts des Pfluges von 1.135 kg sind Vorderachse und Achsaufhängung extra verstärkt, um die zusätzliche Last, die komplett auf die Vorderräder wirkt, auszugleichen. Wem diese Integrallösung zu umständlich ist, der kann auch auf einen kleineren Pflug zurückgreifen, der am Fahrzeugrahmen angeschraubt wird. Der Pflug bringt dann lediglich 613 kg auf die Waage und kann jederzeit wieder abgeschraubt werden.

Land	USA
Baujahr	2024
Motor-Bauart	Sechszylinder-Reihenmotor, Turbodiesel, Intercooler
Lage	Front
Antrieb	Heck
Hubraum (ccm)	8900
Leistung (PS)	450

International MV mit ausfahrbarer Arbeitsbühne

Eine andere Einsatzmöglichkeit für den International MV offenbart sich hier: Mit einer solchen ausfahrbaren Arbeitsbühne können wie im gezeigten Beispiel Servicetechniker einer Telefongesellschaft in der Höhe arbeiten. Solche Verteilerkästen, die unter freiem Himmel an altmodischen hölzernen Telefonmasten aufgehängt werden, sind in den USA und Kanada bis auf den heutigen Tag gebräuchlich und das nicht nur auf dem Lande, sondern auch in großen Metropolen wie New York City, Chicago oder Los Angeles. Häufig sieht man auch noch Telefonkabel, die sich wie Lakritz über ganze Straßenzüge hinweg von Hausfassade zu Hausfassade ziehen und folgerichtig bei jedem schweren Sturm heruntergerissen werden, wodurch das Telefon öfter mal ausfällt. Viel zu tun also für das Servicepersonal von AT&T, Sprint oder Verizon.

Mack LR Müllsammler

Wer gedacht hatte, der Frontlenker sei tot in Nordamerika, der wird vom Mack LR eines Besseren belehrt. Speziell entwickelt für kommunale Fuhrparks wie die Müllabfuhr, wird der LR in drei Ausführungen angeboten, als Front-, Heck- und Seitenlader. Die Kabinentüren können wahlweise nach vorne oder konventionell nach hinten öffnend ausgelegt sein, der Fahrer kann sitzend oder stehend fahren, und das Fahrzeug kann wahlweise mit Rechts- oder Linkslenkung ausgestattet werden. Der serienmäßige MP7-Motor ist grundsätzlich mit einem Automatikgetriebe von Allison kombiniert. Auf Wunsch wird der hauseigene Motor durch ein Cummins Westport-Aggregat ersetzt, das mit Flüssiggas fährt.

Land	USA
Baujahr	2024
Motor-Bauart	Sechszylinder-Reihenmotor, Turbodiesel, Intercooler
Lage	Front
Antrieb	Heck
Hubraum (ccm)	10.799
Leistung (PS)	325-355

MAMMUTAUFGABEN: LASTWAGEN IM SPEZIALEINSATZ

Land	USA
Baujahr	2024
Motor-Bauart	Sechszylinder-Reihenmotor, Turbodiesel, Intercooler
Lage	Front
Antrieb	Heck
Hubraum (ccm)	12.831
Leistung (PS)	415-505

Mack TerraPro Baufahrzeug

Laut einer Umfrage unter Schwerlastwagennutzern in Nordamerika von 2023 kommen Mack-Trucks auf Platz 1 in Sachen Kundenzufriedenheit. Der Mack TerraPro hat daran einen beträchtlichen Anteil, wird er doch aufgrund seiner kompakten Konstruktion, verbunden mit robuster Zuverlässigkeit, in der Abfallwirtschaft ebenso gern eingesetzt wie in der Bauindustrie, beispielsweise als Zementverteiler oder als mobile Förderbandanlage. Verfügbar mit drei und vier Achsen (zwei davon gelenkt), ist der TerraPro ausschließlich mit Day Cab erhältlich. Die Kraftquellen sind die in allen Macks verwendeten Motoren der Konzernmutter Volvo, namentlich der MP7 (11 Liter Hubraum, 325–425 PS) und der angegebene MP8. Hinzu kommt der auch im LR erhältliche Cummins-Westport-Sechszylinder für den Betrieb mit LNG/CNG.

Land	USA
Baujahr	2024
Motor-Bauart	Sechszylinder-Reihenmotor, Turbodiesel, Intercooler
Lage	Front
Antrieb	Heck
Hubraum (ccm)	10.799
Leistung (PS)	325-355

Mack TerraPro Schneepflug

Ein weiteres Anwendungsgebiet des Mack TerraPro ist die Kommunalwirtschaft, so wie hier im Bild die Straßenreinigung im Winter mit Schneepflug und Salzstreuer am Fahrzeugheck. Üblicherweise werden für solche Zwecke Haubenlenker bevorzugt, zumindest in Nordamerika, aber auch Frontlenker wie der TerraPro haben ihre Kundschaft, beispielsweise das Department of Sanitation of New York und die Metropolitan Transportation Authority of the State of New York, also sowohl eine städtische Behörde als auch eine des Bundesstaates. Ebenfalls Nutzer des TerraPro-Schneepfluges ist die Massachusetts Bay Transporation Authority in Boston.

Mercedes-Benz eEconic Flughafen-Tanklaster

01.03.2024, Flughafen Stuttgart: Der erste vollelektrische Tanklaster, ein batterieelektrischer Mercedes-Benz eEconic, wird vorgestellt. Der sogenannte Niederflur-Lkw ist gerade einmal 2,80 m hoch und passt daher problemlos unter die Tragflächen der meisten Flugzeuge. 40.000 Liter Treibstoff fasst der Tank des 15,80 m langen Fahrzeugs, 2.000 Liter pro Minute fließen aus dem Truck in die Tanks des zu befüllenden Flugzeugs. Nach 20 Minuten ist der Betankungsvorgang abgeschlossen und der komplett befüllte Flieger kann starten. Die Econic-Baureihe wurde 1998 vorgestellt und läuft mittlerweile in der dritten Generation. Sie ist natürlich auch weiterhin mit konventionellen Sechszylinder-Turbodieseln erhältlich und wird vor allem im kommunalen Nutzfahrzeugbereich eingesetzt.

Land	USA
Baujahr	2024
Motor-Bauart	Sechszylinder-Reihenmotor, Turbodiesel, Intercooler
Lage	Front
Antrieb	Heck
Hubraum (ccm)	10.799
Leistung (PS)	325-355

Neue Spieler - Die 1990er Jahre

Die 1990er Jahre waren eine bewegte Zeit, sei es in politischer Hinsicht durch das Ende der Konfrontation von Ost und West und, als Folge des Wegfalls der Systemkonkurrenz, eine zunehmend entfesselte Marktwirtschaft, die sich auf alle Lebensbereiche auswirkte. Die Automobilbranche im Allgemeinen – und die Nutzfahrzeugsparte im Besonderen – bildete da keine Ausnahme. Fusionen und Übernahmen kennzeichneten das Jahrzehnt, vor allem in den USA, wo mit Firmen wie Volvo oder Daimler-Benz, die sich bei etablierten Herstellern einkauften oder sie ganz vereinnahmten, neue Wettbewerber entstanden. Manche Firmen suchten ihr Heil in Zusammenschlüssen, Beispiel DAF, Kenworth und Peterbilt, die sich unter dem Dach von PACCAR verbanden. Andererseits zogen sich langjährige Spieler wie die „Big Three", die Großen Drei der US-Automobilindustrie – General Motors, Ford und Chrysler – aus dem Schwerlastsegment des Nutzfahrzeugmarktes zurück und konzentrierten sich auf für sie lukrativere Bereiche wie Pickup Trucks und SUVs. Marktbereinigung nennt man so etwas. Eine weitere, anscheinend unaufhaltsame Entwicklung war der Einzug von elektronischen Steuerungssystemen für Motoren und Antriebsstränge, wie er in Pkw schon früher begonnen hatte, auch in schweren Lastwagen. Der rasante Fortschritt auf dem Gebiet der Software machte es möglich – Silicon Valley meets Detroit, gewissermaßen. Parallel dazu verstetigten sich Trends in der Automobilentwicklung, die schon in vergangenen Jahrzehnten begonnen hatten, vor allem in den Bereichen Wirtschaftlichkeit, Umweltfreundlichkeit, passive Sicherheit und Komfort, die ständig wichtiger wurden. Der Arbeitsplatz des Truckers, der in der Vergangenheit reichlich spartanisch, laut und unbequem gewesen war, erinnerte in den Neunzigern mehr und mehr an die Kabine einer üppig ausgestatteten Limousine der Oberklasse und war gemütlicher als so manches Wohnzimmer. Das alles geschah vor dem Hintergrund einer weiter schnell wachsenden Weltwirtschaft mit globalen Warenströmen, die mehr und mehr Transportkapazität benötigten, nicht zuletzt auf der Straße.

Im Jahr 1992 fand in Hannover die IAA Nutzfahrzeuge erstmalig losgelöst von der IAA als eigenständige Veranstaltung statt. 1998 präsentierte DAF hier seinen im selben Jahr zum Truck of the Year gekührten 95 XF.

Land	USA
Baujahr	1990
Motor-Bauart	V8-Motor, Benziner
Lage	Front
Antrieb	Heck
Hubraum (ccm)	5998–7440
Leistung (PS)	220–230

Das Fahrerhaus des Kodiak war aus Gründen der Kostenersparnis direkt von den leichteren Chevy-Pickups übernommen worden und wurde lediglich äußerlich mit einer eigenständigen Karosserie versehen, die natürlich ganz bewusst eine Familienähnlichkeit mit den übrigen GM-Trucks herstellte.

Kodiaks wurden mit Einzel- und Doppelachse angeboten und, beginnend mit der zweiten, hier behandelten Modellgeneration, wie ihre kleineren Brüder/Schwestern als Zwei- und als Viertürer gebaut. Im Gegensatz zu Chevys C/K-Pickups gab es den größeren Kodiak von 1990-2002 aber nicht mit Allradantrieb.

Chevrolet Kodiak

Der Chevrolet Kodiak und sein Stallgefährte GMC TopKick wurden ursprünglich zum Modelljahr 1981 als mittelschwere Trucks eingeführt und zwischen den klassischen Pickups der sogenannten Light Duty und den schweren Chevrolet Bruin/GMC Brigadier positioniert. 1990, als die hier abgebildete zweite Modellgeneration debütierte, waren Kodiak und TopKick wegen des Abgangs der unpopulären Stallgefährten Bruin/Brigadier und Bison/General nunmehr die größten und schwersten Lastwagen im Programm von General Motors. Das Pressefoto von 1990 zeigte den Kodiak in verschiedenen Funktion, um seine Vielseitigkeit zu demonstrieren. Große Auswahl herrschte auch unter der bulligen Motorhaube: Chevrolets Mark IV Big Block-V8 war in drei Ausführungen erhältlich (Serienausstattung im Datenblatt), mit 6,7 und 7,4 Liter Hubraum mit bis zu 230 PS. Dieselfans konnten gegen Aufpreis auf den Caterpillar 3116 zurückgreifen, einen 6,6-Liter-Reihensechszylinder mit zunächst 165, ab Modelljahr 1991 dann 170 PS.

Spätzünder: Während Chevrolet 1997 im C7500 erstmals einen hauseigenen Diesel mit elektronischer Motorsteuerung verbaute, hatte die Konkurrenz hier bereits gute 10 Jahre Vorsprung.

Chevrolet C7500

Aus Kodiak wurde C7500. Mit der Einführung der hier zu sehenden Version des Chevy Kodiak mit (optionaler) abgeschrägter Motorhaube und dazu passenden Kotflügeln im Jahr 1997 wurden alphanumerische Modellbezeichnungen übernommen, die in den unteren Gewichtsklassen schon seit langen üblich waren. Demzufolge haben wir es hier mit einem Chevrolet C7500 zu tun, angetrieben vom Caterpillar 3126B, einem Reihensechszylinder-Turbodiesel mit 250 PS, dem ersten Diesel des Hauses mit elektronischer Motorsteuerung. Andere Hersteller hatten zu diesem Zeitpunkt allerdings diesen Schritt bereits vollzogen, etwa Detroit Diesel mit seiner Series 60 im Jahr 1987.

Land	USA
Baujahr	1997
Motor-Bauart	Sechszylinder-Reihenmotor, Turbodiesel
Lage	Front
Antrieb	Heck
Hubraum (ccm)	7194
Leistung (PS)	250

Die Kabine des Frontlenkers saß beim 85 zehn Zentimeter höher als bei den beiden anderen Modellen 65 und 75, damit der große Diesel darunter genug Platz fand.

DAF 85

Der DAF 85 wurde zusammen mit seinen leichteren Stallgefährten 65 und 75 im Jahr 1992 der Öffentlichkeit vorgestellt. Linksgelenkte Ausführungen des Lkw für mittelschwere bis schwere Lasten wurden im DAF-Stammwerk in Eindhoven montiert, rechtsgelenkte Modelle bei Leyland in Großbritannien. Während der 65 und der 75 mit einem 6,2- bzw. einem 8,6-Liter-Motor auskommen mussten, erfreute sich der 85 des klassischen DAF/Leyland-Diesels mit 11,6 Liter Hubraum.

Land	Niederlande
Baujahr	1992
Motor-Bauart	Sechszylinder-Reihenmotor, Turbodiesel
Lage	Front
Antrieb	Heck
Hubraum (ccm)	11.635
Leistung (PS)	329

Land	Niederlande
Baujahr	1998
Motor-Bauart	Sechszylinder-Reihenmotor, Turbodiesel, Intercooler
Lage	Front
Antrieb	Heck
Hubraum (ccm)	11.635
Leistung (PS)	530

Hier zu sehen ist ein DAF 95 XF von 1998 mit Super Space Cab. Verfügbar war er in zwei weiteren Kabinenvarianten (Comfortcab und Space Cab).

DAF 95 XF

Das grundlegende Design des DAF 95 aus den 80ern erwies sich als so solide und entwicklungsfähig, dass es bis heute gebaut wird, wenn auch mit zahlreichen Modifikationen. Der DAF 95 bot er einen bis zu 2,25 m hohen Innenraum und leistungsstarke Dieselmotoren von 380 bis 530 PS. Trotz hochwertiger Produkte musste DAF 1993 Insolvenz anmelden und wurde vom Fusionspartner Leyland Trucks verkauft. Drei Jahre später übernahm der US-Mischkonzern Paccar DAF, 1998 auch Leyland. Zusammen mit den US-Lastwagenherstellern Kenworth und Peterbilt, die bereits seit 1945 bzw. 1958 zu Paccar gehören, bedient DAF den internationalen Truck-Markt unter dem Dach des in Renton im Bundesstaat Washington beheimateten amerikanischen Unternehmens.

Der 1988 lancierte Ford Aeromax startete, abgesehen seiner optimierten, Sprit sparenden Karosserie samt AeroBullet-Schlafkabine, weitgehend unverändert in die 90er Jahre.

Ford Aeromax L-9000

Fords Class 8-Truck Aeromax L-9000 konnte wie bisher mit einer Reihe von leistungsstarken Dieselmotoren von Cummins oder Caterpillar geordert werden, um seiner Arbeit als Sattelzugmaschine nachgehen zu können. Da der Aeromax zunächst nur als Tandemachser zu haben war, bot Ford ab 1991 auch die Version L-8000 mit nur einer Hinterachse an. Dieser gern als „Baby-8" bezeichnete Laster sollte aufgrund seiner besseren Handlichkeit vor allem den innerstädtischen Lieferverkehr bedienen, während dem L-9000 die traditionelle Rolle als Fernlaster auf den Highways Nordamerikas vorbehalten blieb.

Land	USA
Baujahr	1991
Motor-Bauart	Sechszylinder-Reihenmotor, Turbodiesel
Lage	Front
Antrieb	Heck
Hubraum (ccm)	9996
Leistung (PS)	270

Die Wohnkabine dieses Vorführmodells des 1996er Aeromax kam in ihrer eleganten Form erst im Jahr 1997 als Option auf den Markt – unter dem Namen Aeroliner.

Land	USA
Baujahr	1996
Motor-Bauart	Sechszylinder-Reihenmotor, Turbodiesel
Lage	Front
Antrieb	Heck
Hubraum (ccm)	14.011–14.633
Leistung (PS)	460-475

Dieser 1997er Aeromax 9500 war jedoch trotz seines Produktionsjahres noch mit der kostengünstigeren, konventionellen Schlafkabine ausgestattet.

Ford Aeromax 9500

1996 war eine optische Umgestaltung der großen Ford-Trucks angesagt, wobei der Aeromax seinem Namen noch deutlicher Ehre machte – dank einer von Ecken und Kanten weitgehend befreiten Karosserie. Auch im Inneren des Fahrerhauses hatte sich einiges getan. Der Kunde hatte nun die Wahl zwischen drei Ausstattungsstufen: Value, Prestige und Ultimate, wodurch der Arbeitsplatz des Truckers kaum noch etwas von dem spartanischen Utilitarismus früherer Modelle hatte. Für den Antrieb des windschlüpfigen Sattelschleppers sorgte entweder der Cummins N14 oder der leistungsstärkere Caterpillar 3406. 1997/98 endete Fords Engagement im Schwerlastmarkt. Das Detroiter Traditionsunternehmen verkaufte seine Heavy Duty-Sparte einschließlich des Werks in Louisville, Kentucky, an Freightliner, einen bekannten US-Hersteller, der seit 1981 zur Daimler AG gehörte. Unter dem Markennamen Sterling wurden Fords Schwerlaster in St. Thomas, Kanada und in Portland, Oregon gebaut und in Nordamerika, Australien und Neuseeland vertrieben, eingebettet zwischen den Daimler Truck-Marken Freightliner und Western Star. 2008 beschloss Daimler Trucks North America die endgültige Einstellung der Marke Sterling, die schließlich im Jahr darauf vollzogen wurde.

Das abgebildete Modell ist mit der sogenannten Inomat ausgestattet, einer Getriebeautomatik mit Versionen von 6 bis zu 16 Vorwärtsgängen. Seit 2005 ist übrigens Daimler Truck, die Lkw-Tochter von Daimler-Benz, Mehrheitseigner von Fuso.

Land	Japan
Baujahr	1996
Motor-Bauart	Sechszylinder-Reihenmotor, Turbodiesel
Lage	Front
Antrieb	Heck
Hubraum (ccm)	11.946
Leistung (PS)	300

Fuso Super Great

Die Marke Fuso war usprünglich ein Ableger der Mitsubishi Motors Corporation und baute seit 1932 Nutzfahrzeuge wie Busse und Lastwagen. Der hier abgebildete Schwerlaster mit dem „bescheidenen" Namen Super Great gab im Jahr 1996 seinen Einstand als Nachfolger des Mitsubishi Fuso The Great. Verkauft wurde und wird er in Afrika, dem Mittleren Osten, dem asiatisch-pazifischen Raum sowie in Lateinamerika in einer Fülle unterschiedlicher Versionen mit bis zu 4 Achsen und einer Motorenpalette, die im Laufe der Zeit 39 Dieselaggregate, meist mit Turbolader und Intercooler, umfasste. Dazu gehörten Reihensechszylinder, V8- und V10-Motoren mit Hubräumen von 7,7 bis 26,5 Liter Hubraum und 300 bis 550 PS.

Der 1990er GMC Topkick im Doppelpack, mit Einzel- und mit Tandemachse und typischen Aufbauten auf dem Cab & Chassis-Truck. Der Topkick (und der Chevy Kodiak) waren sogenannte Class 7-Lkw, zugelassen für ein Gesamtgewicht von 60.000 pounds oder 27.240 kg.

Der GMC Topkick war das Gegenstück zum Chevrolet Kodiak. Der einzige Unterschied war tatsächlich der Namenszug auf dem Kühlergrill, der die Chevy-Fliege ersetzte. Die Modellpflege während der Bauzeit war vergleichsweise moderat. 1991 gingen alle Benziner ihrer Vergaser verlustig und erhielten eine Benzineinspritzung. Im selben Jahr wurde der Truck auch mit einem erhöhten Dach angeboten.

GMC Topkick

Topkick und Kodiak nutzten dieselbe Plattform namens GMT530, kein Wunder bei General Motors, dem wahren Pionier der Plattformstrategie, bei der möglichst viele unterschiedliche Modelle auf ein und derselben technischen Grundlage basierten. GM hatte damit bereits in den 1920er Jahren begonnen und diese Vorgehensweise auf immer mehr Baureihen angewandt. In früheren Jahrzehnten hatte die Konzernleitung allerdings den einzelnen Divisionen (Chevrolet, Pontiac, Oldsmobile, Buick, Cadillac und GMC) noch gestattet, eigene Motoren zu entwickeln und zu bauen. Diese kostenintensive Methode wurde ab den 1960er Jahren nach und nach eingeschränkt und schließlich in den 1980ern vollständig beendet

Die erste Generation des Topkick/Kodiak (1981–89) wurde ausschließlich von einem 10,1-Liter-Turbodiesel, dem Caterpillar 3208, angetrieben. Mit der zweiten Modellgeneration, hier wiederum durch einen 1990er GMC Topkick vertreten, hielten Benzinmotoren Einzug in das Programm, ohne dass der Diesel aufgegeben wurde. Vor allem der Mark IV Big Block-V8 zählte als einer der renommiertesten Motoren Amerikas. Der Mark IV wurde erstmals 1963 vorgestellt und trieb im Laufe seiner Bauzeit bis in das Jahr 2000 praktisch alle Pkw und Lkw von Chevrolet und GMC an. Obwohl er es in puncto Verkaufszahlen nie mit seinem kleinen Bruder, dem Chevy Small Block, aufnehmen konnte, erwarb sich der Mark IV einen ausgezeichneten Ruf als robuster, leistungs- und drehmomentstarker Benziner, der auch in GMs Trucks erfolgreich und zuverlässig seinen Dienst versah. Der Caterpillar 3116 wird bis heute gebaut und nicht nur in schweren Nutzfahrzeugen wie dem Topkick, sondern auch in Booten eingesetzt, wo er bis zu 350 PS leistet. Das Eigengewicht des kompletten Motors liegt bei rund 680 Kilogramm.

Eine 1990er Topkick als doppelachsiger Kipplaster. Die GMT530-Plattform, auf der der Topkick und der Kodiak basierten, wurde bis im Montagewerk In Janesville, Wisconsin, bis 2002 gebaut, in Toluca, Mexiko, sogar bis 2008. Von dort aus wurde der lateinamerikanische Markt bedient, speziell in Venezuela und Brasilien.

Land	USA
Baujahr	1990
Motor-Bauart	V8-Motor, Benziner / Sechszylinder-Reihenmotor, Turbodiesel
Lage	Front
Antrieb	Heck
Hubraum (ccm)	5998–7440
Leistung (PS)	170-230

GMC
C7500

Der C7500 mit Sonderaufbau als mittelgroßes Tankfahrzeug in der noch nicht aerodynamisch optimierten Ausführung, deutlich erkennbar an seiner noch durchaus kantigeren Front.

GMC C7500

Analog zum Chevrolet Kodiak übernahm auch der GMC Topkick 1997/98 die alphanumerischen Modellbezeichnungen der Truck-Nomenklatur bei General Motors. Der C7500 gehörte demzufolge in die Class 7 der Gewichtseinteilungen, war also zugelassen für ein Gesamtgewicht von 11.804 bis 14.982 kg. Ende der 1990er Jahre wurden die mittelschweren Trucks mehrheitlich mit Dieselmotor geordert, also hatte dieser Laster den Caterpillar 3116 unter der kantigen Haube; die aerodynamisch abgeschrägte Frontpartie, die in jenem Jahr eingeführt wurde, war keine Serienausstattung, sondern nur auf Wunsch erhältlich.

Land	USA
Baujahr	1997
Motor-Bauart	Sechszylinder-Reihenmotor, Turbodiesel
Lage	Front
Antrieb	Heck
Hubraum (ccm)	6587–7194
Leistung (PS)	205-250

Dieser GMC C7500 in einer Cab & Chassis-Version mit nachgerüstetem Sonderaufbau als Werkstattfahrzeug mit zahlreichen Staukästen (vermutlich für einen Energieversorger oder eine Fernmeldegesellschaft) trägt die windschlüpfige aerodynamisch optimierte Frontpartie zur Schau, die man für die GMC- und Chevy-Trucks dieser Gewichtsklasse seit 1997 bestellen konnte.

Im Jahr 1997 wurde die Karosserie einem sanften Facelift unterzogen, dessen Resultat hier zu sehen ist.

Land	USA
Baujahr	1998
Motor-Bauart	Sechszylinder-Reihenmotor, Turbodiesel
Lage	Front
Antrieb	Heck
Hubraum (ccm)	14.011
Leistung (PS)	310

International 9100

1986 wurde aus der International Harvester Corporation die Navistar International Corporation, die ihre Lastwagen bis heute unter dem Traditionsnamen International vermarktet. Ein Beispiel dafür ist der abgebildete 9100 aus dem Jahr 1998. Er gehörte zu der von 1971–2017 gebauten 9000 Series, die über drei Modellgenerationen fortentwickelt wurde. Der 9100 ergänzte 1997 die für schwerere Lasten ausgelegten Unterserien 9200–9400 und wurde vor allem als Day Cab, also ohne Schlafkabine hergestellt. Für den Vortrieb sorgte z.B. der Cummins N14, ein sechszylindriger Turbodiesel mit 14 Liter Hubraum und mindestens 310 PS. Nach einem weiteren Generationenwechsel im Jahr 2000 wurde die 9000er Serie noch bis zu ihrer Einstellung 2017 weitergebaut.

Land	Italien
Baujahr	1992
Motor-Bauart	Sechszylinder-Reihen-motor, Turbodiesel
Lage	Front
Antrieb	Heck
Hubraum (ccm)	13.798
Leistung (PS)	420

Hier ist der Eurotech 420 als Sattelzugmaschine mit Hochdach und einer einzelnen Hinterachse zu sehen, es gab allerdings auch Version mit doppelter Hinterachse und niedrigem Kabinendach.

IVECO Eurotech 420

Der Nutzfahrzeughersteller IVECO (ein Akronym für Industrial Vehicles Corporation) ist ein in Turin beheimateter multinationaler Konzern, der 1975 durch die Fusion der Lkw-Sparten von Fiat, OM und Lancia sowie der französischen Marke Unic und dem deutschen Unternehmen Magirus-Deutz entstand. Zu IVECOs zahlreichen Modellen gehörte auch der Eurotech. Der schwere Fernverkehrslaster wurde 1993 zum „International Truck of the Year" gewählt. Im Eurotech 420 war IVECOs hauseigener Motor 8210, 42 verbaut – ein 13,8-Liter-Turbodiesel mit 420 PS. Außerdem standen drei weitere IVECO-Turbodiesel in fünf Ausführungen zur Wahl mit 227-375 PS. Der Eurotech wurde bis 2002 gebaut.

Land	Italien
Baujahr	1993
Motor-Bauart	Sechszylinder-Reihen-motor, Turbodiesel
Lage	Front
Antrieb	Heck, Allrad
Hubraum (ccm)	9459
Leistung (PS)	375

Die unverkennbare Ähnlichkeit des Eurotrakker mit dem Eurotech rührte daher, dass der er dessen Fahrerhaus, Motoren und auch den Antriebsstrang übernahm.

IVECO Eurotrakker

Speziell für den Einsatz im Gelände, vor allem auf unwegsamen Baustellen, bot IVECO den von 1993 bis 2002 gebauten Eurotrakker an. Er war aufgrund seines vorgesehenen Einsatzzwecks auf höhere Belastung ausgelegt. Das drückte sich in der Verwendung eines Chassisrahmens mit dickerer Wandstärke aus, ebenso wie in größerer Bodenfreiheit und nicht zuletzt durch den optionalen Allradantrieb. Der hier verbaute Motor war der IVECO 8460, 41 L, der in seiner stärksten Ausführung 375 PS leistete und an ein hauseigenes Getriebe mit 9 Vorwärtsgängen gekoppelt war. Eine gute Kombination, um ein Fahrzeug mit einem zulässigen Gesamtgewicht von 32 Tonnen über Stock und Stein zu bewegen.

Der Kenworth C500 war mit vier verschiedenen Fahrerhäusern (hier der 1.667 mm breite „42-inch Flat Top Sleeper") und mit doppelter gelenkter Vorderachse erhältlich.

Land	USA
Baujahr	1990
Motor-Bauart	Sechszylinder-Reihen-motor, Turbodiesel
Lage	Front
Antrieb	Heck
Hubraum (ccm)	14.633
Leistung (PS)	475

Kenworth C500

Der Name Kenworth hat unter Truckern einen geradezu legendären Ruf, schließlich baut der etablierte US-Hersteller, der 1923 von Harry **Ken**t und Edgar K. **Worth**ington gegründet wurde, robuste und leistungsfähige Schwerlaster wie etwa den C500. Eingeführt 1972, wird er bis heute nahezu unverändert produziert. Zugelassen war der 1990er C500 für ein Gesamtgewicht von 200.000 pounds (= 90.800 kg). Für den Antrieb sorgen bis heute unterschiedliche Turbodiesel von Caterpillar und Cummins, etwa der Caterpillar 3406B, der hier im Datenblatt steht. Die Kraftübertragung wurde beispielsweise einem Eaton-Fuller-Getriebe mit 18 Gängen anvertraut, obwohl natürlich noch zahlreiche andere Produkte für den Antriebsstrang zur Verfügung standen bzw. stehen.

Ein 1992er Kenworth C500 als australischer Road Train mit sage und schreibe drei Anhängern. Kenworth ist seit 1962 in Australien präsent und baut in seinem Montagewerk im Bundesstaat Victoria seit 1968 rechtsgelenkte Trucks verschiedener Serien, einschließlich des C500 und seiner heutigen Nachfolgemodelle. Die Lebensdauer eines Motors in einem solchen Road Train beträgt typischerweise 6.000 bis 8.000 Betriebsstunden, bei manchen Fabrikaten können es aber auch bis zu 20.000 Stunden sein, bevor eine komplette Motorüberholung fällig wird.

Aerodynamik made in USA: Der Kenworth T600 gilt als erster im Windkanal entwickelter Schwerlaster.

Kenworth T600A

Ein anderer Truck aus der Kenworth-Produktpalette war der T600, der von 1984 bis 2007 gebaut wurde und als der erste Schwerlaster gilt, der im Windkanal entwickelt wurde, um den Kraftstoffverbrauch zu senken. Dem gleichen Zweck diente beim T600A, der 1990 vorgestellt wurde und hier zu sehen ist, die Kombinierung von Rück- und Konvexspiegel in einer geglätteten Einheit, die an der Kabine und nicht an der Tür montiert war. Üblicherweise als Class 8-Sattelzugmaschine eingesetzt, wurde auch der T600 während seiner Bauzeit mit verschiedenen Aggregaten angeboten, darunter der hier angegebene Cummins N14 Power Torque 320.

Land	USA
Baujahr	1991
Motor-Bauart	Sechszylinder-Reihenmotor, Turbodiesel
Lage	Front
Antrieb	Heck
Hubraum (ccm)	14.011
Leistung (PS)	320

Wie gewöhnlich gibt es auch den T800 in den verschiedensten Ausführungen. Dieser 1992er hat keine Schlafkabine, ist aber mit drei verschiedenen Kabinen zu haben. Der abgebildete Truck hat eine Tandemachse und davor eine Hubachse, die nur bei Bedarf zum Einsatz kommt.

Land	USA
Baujahr	1992
Motor-Bauart	Sechszylinder-Reihenmotor, Turbodiesel
Lage	Front
Antrieb	Heck
Hubraum (ccm)	12.895
Leistung (PS)	510

Kenworth T800

1986 war es, als Kenworth sein Modell T800 mit einer sozusagen auffallend abfallenden Motorhaube auf den Markt brachte und den das Unternehmen bis heute im Programm hat. Der T800 ist mit zwei verschieden breiten Motorhauben bestellbar, die hier gezeigte breite Haube bietet einem größeren Kühlerradiator Platz für den Einsatz unter besonders harten Bedingungen. Der T800 ist, mit der entsprechenden Ausstattung versehen, für Gesamtgewicht von 330.000 pounds (= 149.820 kg) zugelassen. Dafür steht ihm z.B. der PACCAR MX-13 zur Verfügung, ein hauseigener Turbodiesel.

Bemerkenswert ist an diesem Kenworth W900L neben seiner beeindruckenden Leistung und der chromgespickten Motorhaube auch die luxuriöse, 2,18 m lange Schlafkabine namens Studio Sleeper

Land	USA
Baujahr	1996
Motor-Bauart	Sechszylinder-Reihenmotor, Turbodiesel, Intercooler
Lage	Front
Antrieb	Heck
Hubraum (ccm)	18.845
Leistung (PS)	600

Kenworth W900L

Der absolute Klassiker unter den US-Trucks allgemein ist der Kenworth W900, der seit 1961 modellgepflegt wird. Hier haben wir die Variante W900L, eingeführt 1990. Das „L“ steht für die lange Motorhaube, die dem Truck ein BBC-Maß von 3,30 m verschafft und mitsamt großzügigem Einsatz von Chromteilen, Auspuffrohren und Luftfilter seitlich an der Motorhaube rein optisch bereits beeindruckt. Unter besagter Haube konnten von 1961 bis heute insgesamt 26 verschiedene Motoren von Caterpillar, Cummins, Detroit Diesel oder Eigenentwicklungen des Mutterkonzerns PACCAR selbst stecken, mit Leistungen von 180–625 PS. Als Beispiel im Datenblatt steht der Cummins KTA600. Beeindruckend auch dessen Drehmoment von 2142 Nm bei 1600/min.

1995 wurde der F2000 zum „Truck of the Year" gekürt und ein Jahr später erhielt er einen 600 PS starken V10, dank dessen das entsprechende Modell 19.603 zum stärksten serienmäßigen Lastwagen Europas wurde.

Land	Deutschland
Baujahr	1994
Motor-Bauart	Sechszylinder-Reihenmotor, Turbodiesel
Lage	Front
Antrieb	Heck
Hubraum (ccm)	12.816
Leistung (PS)	460

MAN F2000 19.463

Ein Buch über Lkw muss selbstverständlich auch die Traditionsmarke MAN behandeln. Im Nutzfahrzeugbau seit 1915 aktiv, stellte das Unternehmen im Laufe seiner bewegten Geschichte zahlreiche verschiedene Baureihen her, darunter den hier gezeigten schweren F2000, der 1994 vorgestellt und in dieser Form bis 1998 gebaut wurde. Es handelt sich um einen 19.463, was gemäß der MAN-Nomenklatur bedeutet 19 Tonnen zulässiges Gesamtgewicht, 460 PS. Die Zahl 3 als letzte Ziffer der Typbezeichnung wurde mit dem F2000 eingeführt. Diese neue Modellgeneration war ein bedeutender Erfolg für MAN. Der F2000 wurde nach einer Überarbeitung 1998 im Jahr 2000 vom neuen Modell TG-A abgelöst.

Hier ist der M2000 FS mit dem Fahrerhaus der schweren Klasse zu sehen, er war aber auch wahlweise mit der Kabine der leichten Klasse zu haben.

MAN M2000 FS

Eine Gewichtsklasse leichter, bis 26 Tonnen Gesamtgewicht, war der MAN M2000, der 1995 seinen Einstand als Nachfolger des mittelschweren M90 gab und als ME2000 bis 2007 im MAN-Werk Steyr, Österreich, hergestellt wurde. Das Kürzel FS gibt an, dass es sich um einen Frontlenker handelt, der als Sattelzugmaschine ausgelegt ist. Der M2000 war mit verschiedenen Motoren ausstattbar, im Datenblatt ist der D0826 angegeben, ein 6,9-Liter-Turbodiesel; ab 1996 leistete er 280 PS.

Land	Deutschland
Baujahr	1995
Motor-Bauart	Sechszylindor-Reihenmotor, Turbodiesel
Lage	Front
Antrieb	Heck
Hubraum (ccm)	6871
Leistung (PS)	260

Hier sind zwei Ausführungen der Schweren Klasse zu sehen, links ein 1729 (17 Tonnen, 290 PS), rechts ein 1733 (17 Tonnen, 330 PS). Beide gehören zum Baumuster 655, womit zweiachsige 17-Tonner bezeichnet wurden.

Land	Deutschland
Baujahr	1990
Motor-Bauart	V6-Motor, Turbodiesel (1733), V8-Motor, Turbodiesel (1729)
Lage	Front
Antrieb	Heck
Hubraum (ccm)	10.964 (1733), 15.078 (1729)
Leistung (PS)	290 (1729), 330 (1733)

Mercedes-Benz SK 1729 und 1733

Die im Kapitel über die 1970er und 1980er Jahre vorgestellten Mercedes-Benz-Lkw der Neuen Generation wurden 1988 durch die hier gezeigte Schwere Klasse abgelöst, die bis 1996 in Produktion blieb. Das Fahrerhaus der abgebildeten 1. Serie (1989–94) unterschied sich kaum von der des Vorgängers, am deutlichsten durch die abfallende Unterkante der Seitenscheibe der Kabine. Neben dem Baumuster 655 wurden auch die Baumuster 656 (zwei Achsen, 19 Tonnen Gesamtgewicht), 659 (drei Achsen, 26 Tonnen Gesamtgewicht) sowie 625 (vier Achsen, 32 bzw. 35 Tonnen Gesamtgewicht) speziell für Betonmischer und Kipplaster angeboten.

Der zweiten Serie der Schweren Mercedes-Benz-Klasse, erkennbar an den optisch dominanteren Windabweisern an den Karosserieecken, gehörte dieser 1994er 1853, Baumuster 655 an.

Land	Deutschland
Baujahr	1994
Motor-Bauart	V8-Motor, Turbodiesel, Intercooler
Lage	Front
Antrieb	Heck
Hubraum (ccm)	14.618
Leistung (PS)	530

Mercedes-Benz SK 1853

Ausgelegt für 18 Tonnen Gesamtgewicht, wurde er von einem weiteren Mitglied der OM 400-Motorenfamilie von Mercedes-Benz angetrieben, im konkreten Fall vom OM 442 LA, einem 14,6-Liter-V8, der ab 1994 die Vorgaben der Schadstoffklasse Euro II erfüllte. Neben seinen 530 PS konnte der mächtige Achtzylinder mit einem satten Drehmoment von 2.300 Nm aufwarten. Andere Baumuster verwendeten den OM 441, einen V6 mit den gleichen Zylinderabmessungen wie der V8 und dadurch knapp 11 Liter groß.

Mercedes-Benz Actros 4257

Der Nachfolger der schweren Klasse war der Actros, der bis heute im Mercedes-Programm ist, natürlich modellpflegegerisch weiterentwickelt. Zu den technischen Neuerungen gehörten u.a. der Einsatz moderner Bordelektronik für die Motor- und Getriebesteuerung und neue Motoren der OM 500-Familie. Die 517 PS des verbauten OM 502 LA, einem V8-Turbodiesel mit Luftladekühlung fielen bei 1.800/min an, die 2.700 Nm Drehmoment bei 1.080/min. Schwächere Ausführungen leisteten 476 bzw. 530 PS. Wie bei der OM 400-Familie gab es auch hier eine V6-Ausführung gleicher Bohrung und gleichen Hubs, aber eben mit zwei Zylindern weniger. Das Resultat waren 12 Liter Hubraum und 313 bis 456 PS.

Dieser 1996er Actros 4257, ausgelegt für 42 Tonnen zulässiges Gesamtgewicht, nutzte den OM 502 LA, einen V8-Turbodiesel mit Ladeluftkühlung.

Land	Deutschland
Baujahr	1996
Motor-Bauart	V8-Motor, Turbodiesel
Lage	Front
Antrieb	Heck
Hubraum (ccm)	15.928
Leistung (PS)	517

Qual der Wahl: Der Actros 1840 wurde in drei verschiedenen Kabinenausführungen, mit zwei, drei oder vier Achsen, mit optionaler Luftfederung, mit Radständen von 3.300 und 6.300 mm und wahlweise mit einem 16-Gang-Schaltgetriebe oder halb- und vollautomatischen Schaltgetrieben angeboten.

Land	Deutschland
Baujahr	1997
Motor-Bauart	V6-Motor, Turbodiesel, Intercooler
Lage	Front
Antrieb	Heck
Hubraum (ccm)	11.964
Leistung (PS)	394

Mercedes-Benz Actros 1840

Im Actros 1840 war der OM 500 in der V6-Ausführung verbaut. Bei 18 Tonnen Maximalgewicht standen 394 PS (aufgerundet 400) für diese Sattelzugmaschine zur Verfügung. Die OM 500-Motoren waren nach Herstellerangaben auf eine Laufleistung von einer Million Kilometer ausgelegt. Natürlich war auch in anderer Hinsicht Vielfalt angesagt. Drei verschiedene Kabinenausführungen, zwei, drei oder vier Achsen, optionale Luftfederung, Radstände von 3.300 und 6.300 mm, Schaltgetriebe mit 16 Gängen, halb- und vollautomatisches Schaltgetriebe – so konnte sich jeder Kunde seinen Actros nach Wahl zusammenstellen.

Auch bei Mercedes-Benz wurde Komfort – und vor allem Übersichtlichkeit – großgeschrieben: Die Megaspace-Kabine bot bei 1,92 m Höhe, dank Fahrerhausboden, einen höheren Sitz der Kabine.

Land	Deutschland
Baujahr	1998
Motor-Bauart	V6-Motor, Turbodiesel, Intercooler
Lage	Front
Antrieb	Heck
Hubraum (ccm)	11.964
Leistung (PS)	428

Mercedes-Benz Actros 1843 MP1

Das im wahrsten Sinne des Wortes herausragende Merkmal dieses Actros 1843 von 1998 ist sein Megaspace-Fahrerhaus. Auf Basis der größten Kabine, der L-Version mit 2,20 m Länge und 1,92 m Höhe, bot der Actros Megaspace einen komplett ebenen Fahrerhausboden, was durch eine deutlich erkennbar höhere Lagerung der Kabine erzielt wurde. Der 1843 verwendete den gleichen V6 wie der 1840, allerdings mit 428 PS und 2000 Nm maximalem Drehmoment.

1920 1930 1940 1950 1960 1970 1980 **1990** 2000 2010 2020 >>>>

Das Besondere an diesem 1993er T143M war die im Vergleich zum vorigen T143 um 22 cm höhere Topline-Kabine. Darüber hinaus war dieser Scania-Haubenlenker mit einem „M“ für mittelschwere Lasten gekennzeichnet.

Scanias Serie 3 als Schwerlastausführung bei der wohl einzigen seinem Kaliber und Herkunftsland angemessenen Tätigkeit.

Land	Schweden
Baujahr	1991
Motor-Bauart	V8-Motor, Turbodiesel, Intercooler
Lage	Front
Antrieb	Heck
Hubraum (ccm)	14.181
Leistung (PS)	500

Scania T143H

Dieser Scania T143H gehörte zur Serie 3 des schwedischen Lkw-Herstellers. Vorgestellt 1988 als Nachfolger der im vorherigen Kapitel besprochenen Serie 2 gab es wiederum Front- und Haubenlenker-Ausführungen. Das gezeigte Modell ist offenkundig ein Haubenlenker, auch erkennbar am Buchstaben T der Typbezeichnung. Die Zahl 14 steht wie in der Vergangenheit für den Motor, Scanias 14,2-Liter-V8-Turbodiesel, nunmehr mit 500 PS. Die 3 steht für die 3. Serie und das „H“ für „heavy“, also für die Schwerlastaufführung des Trucks.

Das Fahrerhaus des R113M zeigte sich im neuen Streamline-Design mit abgedeckten Trittstufen und abgerundeten Fahrzeugecken.

Scania R113M

Ebenfalls zur Serie 3 gehörte dieser 1992er Scania R113M. Kurz erklärt: „R“ steht für das Frontlenker-Fahrerhaus für den Fernverkehr, die 11 für den Scania DTC11-Motor, die 3 wiederum für die Serie und das „M“ für mittelschwere Last. Der Motor war ein sogenannter Turbo Compound-Diesel mit einer Nutzturbine, die dem Turbolader nachgeschaltet war.

Land	Schweden
Baujahr	1992
Motor-Bauart	Sechszylinder-Reihenmotor-Turbodiesel, Intercooler
Lage	Front
Antrieb	Heck
Hubraum (ccm)	10.996
Leistung (PS)	400

Die angebotene Modellpalette reichte wie hier aufgestellt vom 144L Haubenlenker und Frontlenker mit 530 PS über den 94L Frontlenker mit 310 PS, den 124L Frontlenker mit 360 PS oder 400PS, den 144L Frontlenker mit 460 PS und den 12L Frontlenker mit 340 PS.

1996 optimierte Scania bei der Serie 4 die Aerodynamik. So wirkte der T144L in diesem Jahr deutlich windschnittiger als im Vorjahr (siehe zweites Bild, vorne).

Land	Schweden
Baujahr	1996
Motor-Bauart	V8-Motor, Turbodiesel, Intercooler
Lage	Front
Antrieb	Heck
Hubraum (ccm)	14.181
Leistung (PS)	530

Scania T144L

1995 wurde Scanias neue Serie 4 vorgestellt. Es gab drei verschiedene Kabinentypen, fünf Motorkombinationen und vier statt drei Chassiskategorien, nämlich „L“ für leicht, „D“ für mittelschwer, „C“ für schwer und „G“ für besonders schweren Einsatz. Wie zuvor bezeichnete die letzte Ziffer die Serie, also 4, während 9, 11, 12, 14 und 16 für die jeweiligen Hubräume der Motoren standen; die 12- und 16-Liter-Motoren waren neu im Programm.

Vor allem Scanias Haubenlenker der Serie 4, hier ein 144L des Modelljahres 1996, zeigte sich nach längeren Aufenthalten im Windkanal merklich aerodynamisch optimiert. Unter der abfallenden Haube steckte aber weiterhin Scanias bewährter 14-Liter-V8, jetzt allerdings mit 530 PS.

Der hier zu sehende vierachsige Allrad-Truck wurde bzw. wird neben zivilen Ausführungen auch in einer Reihe von militärischen Versionen angeboten und überall da genutzt, wo schweres Gelände zu befahren ist, von Europa bis Australien.

Land	Tschechien
Baujahr	1998
Motor-Bauart	V12-Motor, Turbodiesel, luftgekühlt
Lage	Front
Antrieb	Allrad
Hubraum (ccm)	19.001
Leistung (PS)	360

Tatra T815 TerrNo1 8x8

Tatra ist der älteste Fahrzeughersteller Tschechiens, mit einer bis in das Jahr 1850 zurückreichenden Geschichte. Beginnend mit dem Bau von Kutschen und Eisenbahnwaggons, stellte das Unternehmen 1898 sein erstes Lastwagenmodell vor. Der T815 kam in seiner ersten Ausführung im Jahr 1982 heraus und wurde bis heute weiterentwickelt und gebaut. Herausragende Konstruktionsmerkmale waren von Anfang an der biege- und verwindungssteife Zentralrohrrahmen, eine hauseigene Entwicklung, in Kombination mit Pendelachsen ein Alleinstellungsmerkmal der Marke. Tatra-typisch auch die Motoren: Luftgekühlte Turbodiesel in V10- oder V12-Auslegung (in späteren Jahren nur noch V8).

Für den Antrieb des häufig als Offroad-Truck genutzten Tschechen sorgten – natürlich – luftgekühlte V8-Dieselmotoren mit bis zu 14 Liter Hubraum und 435 PS.

Der Tatra T163, auch Jamal (arabisch für „gutaussehend") genannt, kam 1999, also gegen Ende des Berichtszeitraums, heraus und wurde bis 2015 gebaut.

Land	Tschechien
Baujahr	1997
Motor-Bauart	V8-Motor, Turbodiesel, luftgekühlt
Lage	Front
Antrieb	Allrad
Hubraum (ccm)	12.667
Leistung (PS)	367

Tatra T163

Allein durch seine Haubenlenkerkonstruktion unterschied der Tatra T163 sich schon rein äußerlich maßgeblich von den markenüblichen Frontlenkern. Seine Stärke war der Einsatz in schwerem Gelände, daher konnte er mit Allradantrieb ausgestattet werden. Großer Wert wurde deswegen auch auf eine einfache Konstruktion und auf Wartungsfreundlichkeit gelegt. Das sogenannte Tatra-Konzept mit einem außerordentlich steifen Zentralrohrrahmen, der den innen gelagerten Antriebsstrang schützt, und die Pendel-Halbachsen, die gelenklos mit der Antriebswelle verbunden sind, kam auch im T163 zum Einsatz.

Der hier gezeigte ACL debütierte 1990 und verwendete die Xpeditor-Kabine von White.

Land	Schweden
Baujahr	1990
Motor-Bauart	Sechszylinder-Reihenmotor, Turbodiesel
Lage	Front
Antrieb	Heck
Hubraum (ccm)	9999
Leistung (PS)	335

Volvo Autocar ACL

In seinem Bestreben, auf dem US-Markt Fuß zu fassen, erwarb Volvo 1981 den insolventen Lkw-Hersteller White, der seit 1953 auch Besitzer der Traditionsmarke Autocar war. Unter dem dem Dach des neuen Unternehmens Volvo-White LLC entstanden weiterhin Trucks mit den in den USA bekannten Markennamen White und Autocar. Unter der langen Motorhaube arbeitete der Cummins L10-Turbodiesel, der in verschiedenen Leistungsvarianten von 314 bis 406 PS angeboten und bis 1998 gebaut wurde. Volvo verkaufte Autocar im Jahr 2001 an eine Holdinggesellschaft in Illinois, die Grand Vehicle Works Holdings LLC.

Land	Schweden
Baujahr	1993
Motor-Bauart	Sechszylinder-Reihenmotor, Turbodiesel, Intercooler
Lage	Front
Antrieb	Heck
Hubraum (ccm)	16.100
Leistung (PS)	520

Volvos erfolgreicher Frontlenker, die F-Serie, die 1977 vorgestellt worden war, wurde 1993 durch die neue FH-Serie ersetzt, hier vertreten durch einen FH16 Road Train im Einsatz in Australien als Silofahrzeug für den Transport von Kalk.

Volvo FH16

Nach siebenjähriger Entwicklungszeit glänzte Volvos FH im Jahr 1993 mit einer vollkommen neuen Kabine aus hochfestem, galvanisierten Stahl, die nach Werksangaben sicherer und aerodynamischer war als je zuvor. Der hier abgebildete FH16, der den 16-Liter-Turbodiesel der Vorläufergeneration übernahm, war mit einem 14-Gang-Schaltgetriebe verbunden, das ebenfalls bereits in der F-Serie genutzt wurde. Volvo vermarktete den FH als „World Truck", der auch außerhalb Europas gute Verkaufschancen haben sollte. Diese erste Generation wurde bis 2002 gebaut. Heute befindet sich die dritte Generation des FH in Produktion.

Land	Schweden
Baujahr	1994
Motor-Bauart	Sechszylinder-Reihenmotor, Turbodiesel, Intercooler
Lage	Front
Antrieb	Allrad
Hubraum (ccm)	12.141
Leistung (PS)	420

Der Begleiter des FH16 war der FH12, der mit einem völlig neu entwickelten 12-Liter-Motor mit dem Werkscode D12A aufwartete.

Volvo FH12 8WD

Ausgestattet mit obenliegender Nockenwelle und Vierventiltechnik war dessen D12A-Motor darauf ausgelegt, die in den 1990er Jahren stetig schärfer werdenden gesetzlichen Anforderungen in puncto Wirtschaftlichkeit und Umweltfreundlichkeit zu erfüllen und dabei gleichzeitig die für einen Schwerlaster nötige Leistungsfähigkeit zu bieten. Hier ist der FH12 als Kipplaster mit vier Achsen und Allradantrieb zu sehen, nur eine von zahlreichen Einsatzmöglichkeiten für den neuen Lkw, der 1994 den begehrten Titel „Truck of the Year“ errang. Die Modellpflege dieser Generation des FH konzentrierte sich besonders auf die elektronische Steuerung von Motor und Antriebsstrang, die im sogenannten TEA-System (Truck Electronic Architecture) zusammengefasst und aufeinander abgestimmt wurde.

Land	Australien/Schweden
Baujahr	1996
Motor-Bauart	Sechszylinder-Reihenmotor, Turbodiesel, Intercooler
Lage	Front
Antrieb	Heck
Hubraum (ccm)	12.141
Leistung (PS)	420

Als imposanter Road Train aus dem Jahr 1996 arbeitet sich der NH durch die selten asphaltierten Pisten des Australischen Outbacks. Die berühmten „Road Trains" liefern als Eisenbahnen der Straße wichtige Transportgüter überall dorthin, wo es eben keine Eisenbahnverbindungen gibt.

Volvo NH

In den späten 1980er Jahren machte sich Volvo daran, eine Art Plattformstrategie für seine Lkw zu entwickeln, um die hauseigenen Produkte an die verschiedenen globalen Märkte anzupassen und dabei auf möglichst viele gemeinsam genutzte Komponenten zurückgreifen zu können. Für Europa waren dies die FH- und FM-Trucks mit ihrer Frontlenker-Auslegung, für Nordamerika die VN-Serie, und für Länder wie Australien die Serie NH. Trotz des Haubenlenker-Designs hat der NH mehr mit den europäischen FH-Modellen gemeinsam als mit den äußerlich ähnlichen amerikanischen VNs. Technische Komponenten wurden nahezu komplett von den Europäern übernommen, lediglich in einer langen Haube und daran angepasstem vorderen Chassis. Der NH war mit und ohne Schlafkabine verfügbar. Ein extra hohes Globetrotter Cab konnte ebenfalls geordert werden. Der australische NH wurde bis 2004 gebaut.

Land	Brasilien/Schweden
Baujahr	1996
Motor-Bauart	Sechszylinder-Reihenmotor, Turbodiesel, Intercooler
Lage	Front
Antrieb	Heck
Hubraum (ccm)	12.141
Leistung (PS)	420

Der NL12, zusammen mit seinem Gefährten NL10, war Volvos Wettbewerber auf dem lateinamerikanischen Markt, speziell in Brasilien, wo er auch gefertigt und vor allem als Langstreckenfahrzeug eingesetzt wurde.

Volvo NL12 EDC

Basierend auf der N-Serie, die in früheren Kapiteln besprochen wurde, bot der 1996 vorgestellte NL10/12 ein vollkommen neues, modernes Fahrerhaus, das bis dahin unbekannten Komfort dank besserer Raumnutzung und effizientem Heiz-, Belüftungs- und Klimatisierungssystem bot. Unter der Haube arbeiteten Volvos bewährte Sechszylinder-Turbodiesel in 10- und 12-Liter-Ausführung, nun aber mit EDC (Electronic Diesel Control), einer computerisierten Motorsteuerung für niedrigeren Kraftstoffverbrauch, geringere Schadstoffemissionen und weniger Geräuschentwicklung. NL10 und NL wurden vor allem als Langstreckentransporter eingesetzt, fanden aber auch Anwendung z.B. als Baustellenfahrzeuge. Bereits 1999 wurden sie durch das Modell NH12 ersetzt.

Land	USA/Schweden
Baujahr	1996
Motor-Bauart	Sechszylinder-Reihenmotor, Turbodiesel, Intercooler
Lage	Front
Antrieb	Heck
Hubraum (ccm)	12.141
Leistung (PS)	420-460

Auch während der 1990er-Jahre blieb Volvo sich in Bezug auf seine speziell für den US-amerikanischen Markt zugeschnittene Werbung treu und präsentierte den VN in einem typischen Midwest-Setting. Zusätzlich wies Volvo in seiner Werbung gezielt darauf hin, dass auch der VN den schwedischen Crashtest, den anspruchsvollsten und härtesten der Welt, erfolgreich bestanden hatte und somit dem Fahrer maximale Sicherheit im Falle eines Unfalls bot.

Um den auch im Lkw-Bereich wachsenden Komfortansprüchen, gerade in Nordamerika, zu genügen, stellte Volvo 1997 den VN in der 770-Ausführung vor. Mit diesem Zahlencode war das üppig dimensionierte Sleeper Cab mit zwei Schlafplätzen und verfügbaren Extras wie u.a. Mikrowelle, Fernseher oder einem Garderobenschrank gemeint.

Volvo VN

Nach einem gescheiterten Versuch, in den 1950er Jahren auf dem US-Markt Fuß zu fassen, konnte sich Volvo durch den Kauf von amerikanischen Marken wie White oder Autocar in den 1980ern dort dauerhaft als Lkw-Anbieter etablieren. Mit der VN-Serie, die Volvo in seinem Werk in Virginia exklusiv für Nordamerika produziert, präsentierten die Schweden 1996 eine Modellreihe, die speziell auf die US-Kundschaft zielte. Hier dominieren Haubenlenker, vor allem wegen des Platzangebots dank flachen Bodens des Fahrerhauses, das ohne oder mit Schlafkabine (in zwei Längenausführungen) verfügbar war. Wie üblich baute Volvo seinen international verwendeten 12-Liter-Turbodiesel plus Antriebsstrang auch in die US-Trucks ein, auf Wunsch konnten aber auch amerikanische Aggregate z.B. von Cummins, Caterpillar oder Detroit Diesel geordert werden.

Hier ist der FM10 als Sattelschlepper mit einzelner Hinterachse und Heckantrieb zu sehen, es gab aber auch Versionen mit drei oder vier Achsen und Allradantrieb

Land	Schweden
Baujahr	1998
Motor-Bauart	Sechszylinder-Reihenmotor, Turbodiesel, Intercooler
Lage	Front
Antrieb	Heck
Hubraum (ccm)	9610
Leistung (PS)	320

Volvo FM10

Die 1998 lancierte Serie FM ergänzte Volvos Lkw-Angebot um einen Schwerlast-Frontlenker mit mittelhoher Kabine (FM steht für Forward Control Medium Height). Das Fahrerhaus ähnelte zwar sehr dem des FH, war allerdings flacher konstruiert und in den Ausführungen Day Cab, Sleeper Cab und Globetrotter Cab verfügbar. Es gab anfangs die Ausführungen FM7, FM10 und FM12, wobei die Zahlen für den Hubraum in Liter standen. Der abgebildete Truck ist folgerichtig mit einem 10-Liter-Motor (genauer gesagt 9,6 Liter) ausgestattet, dem D10B. Auch die Serie FM steht bis heute im Volvo-Angebot, unter Berücksichtigung der seither erfahrenen Modellpflege.

MEHR ALS ELEFANTENRENNEN: LASTWAGEN IM MOTORSPORT

Trucks sind nicht nur zum Arbeiten da, sondern auch für Spaß und Motorsport. Nein, damit sind nicht die berüchtigten „Elefantenrennen" auf der Autobahn gemeint, sondern Wettkämpfe auf asphaltierten Rennstrecken, bei denen gewaltige Trucks mit geradezu abenteuerlicher Geschwindigkeit gegeneinander antreten, sowie Rallyes und Trials, bei denen es weniger auf Schnelligkeit, sondern eher auf Präzision und Geschicklichkeit ankommt.

Mercedes-Benz 2636 NG bei der Rallye Dakar 2024

Dieser 1987er Mercedes-Benz 2636 der Neuen Generation hatte seinerzeit zusammen mit einem zweiten, identischen Modell von 1986 als Servicefahrzeug des Mitsubishi Dakar Teams an der berühmten Rallye Paris-Dakar teilgenommen. Dank Allradantrieb und eines hubraum- und leistungsstarken Motors eignen sich die beiden Trucks damals wie heute für schwierige Geländeeinsätze, so etwa bei der Rallye Dakar Classic, die im Januar 2024 in Saudi-Arabien ausgetragen wurde.

Land	Deutschland
Baujahr	1987
Motor-Bauart	V10-Motor, Turbodiesel
Lage	Front
Antrieb	Heck
Hubraum (ccm)	18.273
Leistung (PS)	360

Mercedes-Benz Atego

Ein 2001er Mercedes-Benz Atego Renntruck des Tiger Racing Teams Dehnhardt in Aktion, gesteuert von Ludovic Faure, Truck Racing-Europameister der Super Race Trucks, Saison 1998. Unter der Haube ein heftig getunter OM 501 LAR mit zwei Turboladern.

Land	Deutschland
Baujahr	2001
Motor-Bauart	Sechszylinder-Reihenmotor, Turbodiesel
Lage	Front
Antrieb	Heck
Hubraum (ccm)	11.946
Leistung (PS)	1500

MEHR ALS ELEFANTENRENNEN: LASTWAGEN IM MOTORSPORT

Land	Schweden
Baujahr	2016
Motor-Bauart	Sechszylinder-Reihenmotor, Turbodiesel (4 Lader), Intercooler
Lage	Mitte
Antrieb	Heck
Hubraum (ccm)	12.771
Leistung (PS)	2400

Volvo Iron Knight

Der schnellste Truck der Welt. Diesen Titel erwarb sich 2016 der Volvo Iron Knight mit seinem auf 2.400 PS hochgezüchteten 12,8-Liter-Turbodiesel mit gleich vier Turboladern. Damit erreichte der auf 4,5 Tonnen Gesamtgewicht abgelastete Truck eine Höchstgeschwindigkeit von 276 km/h, ein bis heute ungebrochener Rekord. Als PR-Aktion ließ Volvo den Iron Knight in einem Rennen gegen den 300 PS starken S60 Polestar WTCC antreten. Nachdem der Iron Knight beim Drag-Race die Nase vorn hatte, zog der Polestar im anschließenden Wettkampf auf der Rennstrecke kurz vor der Zielgeraden knapp am Renn-Truck vorbei. Man einigte sich auf ein Unentschieden.

Land	Deutschland
Baujahr	2019
Motor-Bauart	Sechszylinder-Reihenmotor, Turbodiesel
Lage	Front
Antrieb	Allrad
Hubraum (ccm)	12.405
Leistung (PS)	506

MAN TGS 33.500 Truck Trial BFS

Beim Truck Trial fahren Lastwagen mit Allradantrieb durch schweres Gelände, wobei es vor allem auf Fingerspitzengefühl ankommt. 2019 war ein gutes Jahr für MANs Engagement im Truck-Rennsport, denn gleich zwei Teams auf MAN-Lastwagen gewannen die Europa Truck Trial Meisterschaft in ihren jeweiligen Klassen. In der Klasse der Dreiachser siegte das BFS Trucksport Team auf ihrem TGS 33.500 6x6 mit 123 Punkten in der Gesamtwertung.

Land	Deutschland
Baujahr	2019
Motor-Bauart	Sechszylinder-Reihenmotor, Turbodiesel
Lage	Front
Antrieb	Allrad
Hubraum (ccm)	12.405
Leistung (PS)	479

MAN TGS 35.480 Truck Trial HS-Schoch Hardox

In der Kategorie der Vierachser, die als die Königsklasse im Truck-Rennsport gilt, fuhr das HS-Schoch Hardox Truck Trial Team insgesamt 145 Punkte in der Gesamtwertung für 2019 ein. Ihr Fahrzeug: Ein TGS 35.480 8x8.

Die Zukunft ist heute – Lkw im neuen Jahrtausend

Im 21. Jahrhundert setzen sich die Trends in der Nutzfahrzeugindustrie fort, die im letzten Jahrhundert begonnen hatten, lediglich schneller und umfassender. Die Fusionen der 90er Jahre tragen Früchte, vor allem in Nordamerika: Im Jahr 2023 war Freightliner dort mit einem Marktanteil von rund 40 Prozent – zum wiederholten Mal – die populärste Marke. Freightliner gehört seit 1981 zu Daimler-Benz, heutzutage unter der Bezeichnung Daimler Truck North America; Daimler-Benz ist außerdem Weltmarktführer im Schwerlastbereich. Andere große europäische Player wie Volkswagen, Scania und Volvo sind auch in Übersee stark vertreten. Scania, MAN und die US-Marke Navistar/International gehören zu Volkswagens Traton Group, Volvo besitzt die US-Marke Mack, und wie sich die großen chinesischen Hersteller weltweit aufstellen werden, ist heute noch gar nicht absehbar. Kaum eine Industrie ist so global aufgestellt wie die Automobilindustrie und das zeigt sich auch im Schwerlastbereich überdeutlich. Ein anderer großer Trend in der Gegenwart und in der Zukunft ist die Entwicklung von schadstoffarmen Lastwagen. 10 Prozent aller globalen Schadstoffemissionen entfallen auf vergleichsweise wenige Lkw, was angesichts der noch immer dominanten riesigen Dieselmotoren nicht verwundert. Aus diesem Grund arbeiten Truck-Hersteller in verschiedenen Ländern mit Hochdruck an umweltfreundlichen Alternativen wie batterieelektrischen Lastwagen und solchen mit Wasserstoff und Brennstoffzellen. Die praktische Umsetzung solcher Konzepte hat bereits begonnen und es sind auch schon Zehntausende elektrisch betriebene Nutzfahrzeuge in allen Gewichtsklassen im Alltag unterwegs, ohne besondere Aufmerksamkeit zu erregen. Hinzu kommt die wachsende elektronische Vernetzung ganzer Lkw-Flotten, die den Fahrzeugeinsatz effizienter machen, wodurch wiederum Zeit und Schadstoffe eingespart werden. E-Trucks, die im Konvoi dicht an dicht autonom über die Autobahn rollen, sind keine Vision aus Science-Fiction-Filmen mehr, sondern schon heute Realität, denn die Zukunft ist jetzt.

50 Jahre technischer Entwicklung liegen zwischen den beiden hier abgebildeten DAF-Lkw: Rechts ein A1800 von 1968, links ein XF von 2018 mit 530er Space Cab. DAF nutzte die IAA 2018 und das Jubiläum, um seine beiden Trucks nebeneinander zu präsentieren. Was zunächst wie ein PR-Gag wirkte, dokumentierte eindringlich, wie sehr sich moderne Lkw von ihren Ahnen unterscheiden, sei es in puncto Motorleistung, Ladekapazität, Sicherheit, Umweltfreundlichkeit – egal, welchen Maßstab man anlegt, die Lkw unserer Tage haben einen langen Weg zurückgelegt von ihren bescheidenen Anfängen bis heute und dieser Weg ist noch lange nicht zu Ende.

Im Jahr 2000 erhielten DAFs Lkw-Reihen 65, 75 und der hier abgebildete 85 nach dem 1998 eingeführten zusätzlichen Kürzel CF auch eine deutliche optische Überarbeitung.

Land	Niederlande
Baujahr	2000
Motor-Bauart	Sechszylinder-Reihenmotor, Turbodiesel, Intercooler
Lage	Front
Antrieb	Allrad
Hubraum (ccm)	12.580
Leistung (PS)	340

DAF CF-Series

DAFs Lkw-Reihen 65, 75 und 85 starteten mit neuem Namen in das 21. Jahrhundert: Von 1998 an hießen sie 65CF, 75CF und 85CF, blieben aber ansonsten zunächst weitgehend unverändert. Während der 75 CF mit einem neuen 9,2-Liter-Sechszylinder mit mindestens 249 PS ausgestattet war, verwendete der abgebildete 85CF, hier als Vierachser mit Allradantrieb, einen 12,6-Liter-Turbodiesel mit Vierventiltechnik, der 340–483 PS abgab. Der Antriebsstrang bestand wahlweise aus der hauseigenen DAF-Getriebeautomatik, dem Road Ranger-Schaltgetriebe mit 18 Gängen von Eaton-Fuller oder dem Allison 2500/3000. Die CF-Serie ist auch weiterhin im Angebot der PACCAR-Tochter DAF.

DAFs XF105 wurde im Jahr 2013 zum „Truck oft he Year" gewählt – für ihn sprachen nicht nur die überzeugende Leistungsfähigkeit, sondern auch ein mehr als geräumiges Fahrerhaus sowie ein verbrauchseffizientes Design.

Land	Niederlande
Baujahr	2011
Motor-Bauart	Sechszylinder-Reihenmotor, Turbodiesel, Intercooler
Lage	Front
Antrieb	Heck
Hubraum (ccm)	12.895
Leistung (PS)	405

DAF XF105 ATe

2005 stellte DAF den XF105 vor, seinen größten und schwersten Truck, der nur zwei Jahre später „Truck of the Year" wurde. Neben dem nach Herstellerangaben geräumigsten Fahrerhaus auf dem Markt glänzte der XF105 mit PACCARs neuem MX-Motor, einem 12,9-Liter-Turbodiesel, der in Zusammenarbeit mit Cummins entwickelt worden war und mit einer Leistungsspanne von 405 bis 510 PS angeboten wurde. Das Kürzel ATe stand für „Advanced Transport Efficiency" und diente zur Senkung des Dieselverbrauchs dank Motorenoptimierung, Reifen mit geringem Rollwiderstand, verbesserter Aerodynamik, Geschwindigkeitsabregelung bei 85 km/h, einer langen Achsübersetzung und obligatorischer Fahrerschulung. Das Ganze wurde abgerundet durch eine automatische Motorabschaltung nach fünf Minuten im Leerlauf. In der Praxis wurde laut zeitgenössischen Tests aber lediglich ein halber Liter Sprit auf 100 km eingespart.

Land	USA
Baujahr	2015
Motor-Bauart	Sechszylinder-Reihenmotor, Turbodiesel, Intercooler
Lage	Front
Antrieb	Heck
Hubraum (ccm)	12.815
Leistung (PS)	370-525

Der Freightliner Inspiration gilt als erster autonom fahrender Lastkraftwagen mit – zumindest US-amerikanischer – Straßenzulassung. Sein Fahrer verstößt hier nicht etwa gegen Verkehrsregeln, indem er während der Fahrt am Tablet daddelt, sondern kümmert sich mittels mobiler Schnittstelle um die Bedienung und Überwachung seines Fahrzeugs.

Freightliner Inspiration

Die US-Marke Freightliner wurde 1929 ins Leben gerufen und machte sich einen Namen als Hersteller von Nutzfahrzeugen aller Art, vor allem aber von Sattelzugmaschinen. Seit 1981 gehört Freightliner zu Daimler-Benz und bedient nicht nur den amerikanischen Markt, sondern auch andere außereuropäische Länder, speziell Australien und Neuseeland. Ein ausgesprochenes Leuchtturmprojekt ist seit 2015 der Inspiration Truck, laut Hersteller der erste autonom fahrende Lkw mit Straßenzulassung. Basierend auf Freightliners Schwerlastmodell Cascadia, sind seit 2015 zwei solcher Fahrzeuge im US-Bundesstaat Nevada unterwegs, ausgestattet mit einem On-Board-Diagnosesystem sowie einem Frontradar, einer Stereokamera und diversen Assistenzsystemen wie Abstandshalter, Tempomat etc. Die Bedienung des Inspiration erfolgt mittels eines Tabletcomputers.

Leading the charge in electric.
eCASCADIA
MGM

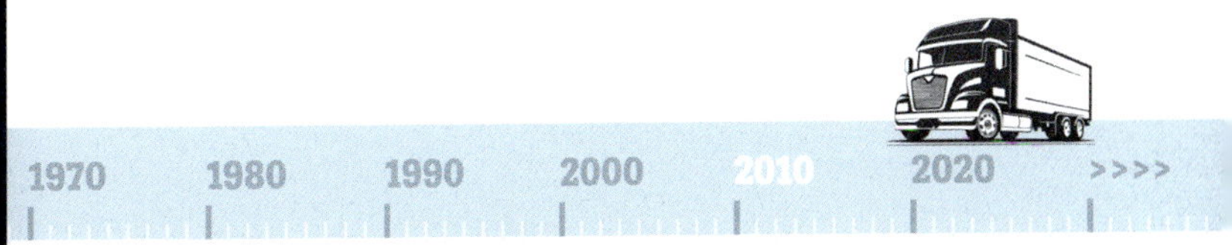

Freightliner eCascadia Las Vegas

Zugelassen für ein Gesamtgewicht von bis zu 37.228 kg, ist der eCascadia mit der sogenannten eAxle ausgestattet, einer kompakten Antriebseinheit mit Elektromotor(en), einem stufenlosen Getriebe und spezieller Elektronik. Für Einachser stehen 395 PS zur Verfügung, Zweiachser bringen es auf 470 PS. Die klasssische Frage bei Elektrofahrzeugen nach der Reichweite beantwortet Freightliner so: 354 Kilometer für Tandemachser, 370 Kilometer für Einachser, abhängig von der Ladung, dem Verhalten des Fahrers und den Umgebungsbedingungen. Der eCascadia kann in 90 Minuten zu 80 Prozent geladen sein. Mehrere Betreiber haben den Elektrotruck bereits in ihre Transporterflotten aufgenommen und Millionen Kilometer damit zurückgelegt.

Land	USA
Baujahr	2019
Motor-Bauart	Elektromotor(en), Batterien mit 291 oder 438 kWh
Lage	Unterflur
Antrieb	Heck
Hubraum (ccm)	n. a..
Leistung (PS)	730 kW/537 PS

Eine Werbetour durch Las Vegas machte im Januar 2019 dieser Freightliner eCascadia, die damals völlig neue Elektroausführung des konventionellen Trucks mit Verbrennungsmotor.

Land	USA
Baujahr	2024
Motor-Bauart	Sechszylinder-Reihenmotor, Turbodiesel, Intercooler
Lage	Front
Antrieb	Heck
Hubraum (ccm)	14.945
Leistung (PS)	605

Die Fahrerkabine des Cascadia gibt es als Day Cab in zwei Längen, als Sleeper Cab in sechs Ausführungen und als Sleeper Cab mit erhöhtem Dach (wie in diesem Fall) in vier Versionen. In der geräumigsten Variante mit einem BBC-Maß von 3.200 mm bietet der Doppelschlafplatz eine Breite von 1.829 mm.

Freightliner Cascadia

Mittlerweile in vierter Generation wird der 2007 vorgestellte Freightliner Cascadia gebaut, mehr als eine Million Exemplare sind seither vom Band gelaufen und machen den Cascadia zum meistverkauften Truck seiner Klasse in Nordamerika. Seine Kraftquelle sind wahlweise drei Sechszylinder-Turbodiesel von Detroit Diesel (DD 13/5/16), ebenfalls eine Daimler-Tochter, sowie zwei Motoren gleicher Bauart von Cummins, den X12 und den X15. Das Datenblatt bezieht sich auf den X15. Die Auswahl bei der Kraftübertragung ist noch größer und umfasst 12 verschiedene Schalt- und Automatikgetriebe. Verfügbar ist er mit Radständen von 4.325–7.175 mm, als Day Cab, großes und kleines Sleeper Cab, mit Einzel- und Tandem- sowie mit zusätzlicher Hubachse und einer schier endlos langen Liste von Sonderausstattungen für praktisch jeden erdenklichen Einsatzzweck.

Hier ist ein 2021er Shogun 510 zu sehen; die Zahl bezieht sich auf die Motorleistung. Verfügbar in einer Version mit 3,91 und einer mit 4,30 m Radstand, gibt es den Shogun 510 ausschließlich mit Vierradantrieb.

Land	Japan/Australien
Baujahr	2021
Motor-Bauart	Sechszylinder-Reihenmotor, Turbodiesel, Intercooler
Lage	Front
Antrieb	Heck/Vierrad
Hubraum (ccm)	10.676–12.809
Leistung (PS)	460-510

Fuso Super Great/Shogun

Ebenfalls unter dem Dach von Daimler-Benz agiert Mitsubishis Lkw-Tochtergesellschaft Fuso, die bereits im letzten Kapitel vorgestellt wurde. Ihr Modell Super Great wurde kontinuierlich weiterentwickelt und befindet sich auch weiterhin im Angebot der Marke, die in der ganzen Welt montiert und verkauft wird, außer in Europa und Nordamerika. Er wird als Drei- und Vierachser angeboten; der Dreiachser sowohl mit Heck- als auch mit Vierradantrieb, der Vierachser nur mit Vierradantrieb. Zwei turbogeladene Sechszylinder in sechs Ausführungen standen zur Wahl, ein 7,7-Liter mit 354 oder 381 PS und ein 10,7-Liter mit 360, 394, 428 oder 460 PS.

Außerhalb der englischsprachigen Welt mochte Fuso mit einem Namen wie Super Great durchkommen, aber in Australien und Neuseeland, wo der Truck gebaut und verkauft wurde, sicher nicht. Aus diesem Grund wurde er für diese Länder – nicht weniger „bescheiden" – in Shogun umbenannt. Zugelassen für ein Gesamtgewicht von 23 Tonnen ohne und 63 Tonnen mit Anhänger, arbeitet der „stärkste japanische Truck in Australien" (Fuso-Werbung) mit dem OM471-T9 Diesel, einem Sechszylinder mit doppelter obenliegender Nockenwelle und Vierventiltechnik aus dem Hause Mercedes-Benz.

Hier sind zwei Ausführungen des Super Great von 2018 abgebildet, ein Drei- (rechts) und ein Vierachser (links). Der Begriff Shift-Pilot, der auf dem Truck als Schriftzug steht, bezieht sich auf ein 12-gängiges, automatisiertes Schaltgetriebe, das 2017 eingeführt wurde.

Der Lonestar wird als Day Cab sowie in vier verschiedenen Sleeper-Cab-Versionen angeboten, wie hier der Sky-Rise Sleeper mit 1,85 m langer Schlafkabine.

Land	USA
Baujahr	2009
Motor-Bauart	Sechszylinder-Reihenmotor, Turbodiesel, Intercooler
Lage	Front
Antrieb	Heck
Hubraum (ccm)	14.945
Leistung (PS)	605

International Lonestar

Auch im 21. Jahrhundert treffen wir die Marke International Harvester wieder, die seit dem Verkauf ihrer Landmaschinensparte 1986 nur noch Trucks und Busse unter dem Namen International vermarktet. Das Dachunternehmen Navistar, das seinerzeit gegründet wurde, gehört seit 2021 vollständig zur Traton Group, der Nutzfahrzeugsparte des Volkswagen-Konzerns, in der auch MAN, Scania und Volkswagen Truck & Bus zusammengefasst sind. Das wohl auffallendste International-Produkt ist der seit 2009 gebaute Lonestar. Der Class 8-Truck ist für ein Gesamtgewicht (mit Anhänger) von 63.560 Kilogramm zugelassen. Auch International verlässt sich gern auf bewährte Motorenhersteller wie Cummins, dessen Modell X15 auch den Lonestar antreibt.

Land	USA
Baujahr	2020
Motor-Bauart	Sechszylinder-Reihen-motor, Turbodiesel, Intercooler
Lage	Front
Antrieb	Heck
Hubraum (ccm)	14.945
Leistung (PS)	605

Der HX 520 ist speziell für solche Aufgaben wie den dargestellten Holztransport gedacht, wird aber auch auf Baustellen oder als Abschleppwagen eingesetzt.

International HX 520

Eine andere Modellreihe in der International-Angebotspalette ist die HX Series, die in den Ausführungen 520 und 620 verfügbar ist. Gebaut als Doppel- oder Dreiachser, darf der 520 bis zu 40.860 kg Gesamtgewicht auf die Waage bringen. Unter der Haube der gleiche Cummins X15 wie beim Lonestar. Um den Dieseldurst zu stillen, kann der HX Kraftstofftanks mit bis zu 240 Gallonen Füllmenge mitführen, das sind 908 Liter. Trotz seines traditionellen Aussehens gehört auch beim HX zeitgemäße Technik wie Anti-Schlupf-Regelung und elektronische Stabilitätskontrolle zur Serienausstattung. Hinzu kommt das Bendix Wingman Fusion System, welches Daten von Kameras, Radar und Bremsen an den Bordcomputer sendet, um mögliche Gefahrenquellen im Vorfeld zu identifizieren.

2016 stellte International seine LT Series vor, die hier nach ihrem Redesign samt neuem Dieselmotor, dem „S13 Integrated Powertrain", im Jahr 2022 gezeigt wird.

Land	USA
Baujahr	2022
Motor-Bauart	Sechszylinder-Reihenmotor, Turbodiesel, Intercooler
Lage	Front
Antrieb	Heck
Hubraum (ccm)	12.421
Leistung (PS)	515

International LT mit S13 Integrated Powertrain

Der International LT mit Tandemachse kann einen Radstand von bis zu 6.401 mm haben und darf bis zu 27.420 kg wiegen. Dieser spezielle LT verwendet Internationals hauseigenen Diesel „S13 Integrated Powertrain", der in Zusammenarbeit mit Traton-Partner Scania entwickelt und 2022 vorgestellt wurde. Dabei wird Internationals erst wenige Jahre zuvor auf den Markt gebrachter A26-Turbodiesel mit dem neuen T14-Schaltgetriebe und einem nachgeschalteten zweistufigen Abgasbehandlungssystem zur Reduzierung von Stickoxidemissionen kombiniert. Laut International sinkt durch den Integrated Powertrain der Kraftstoffverbrauch um 15 Prozent. Durch Verfeinerung des Verbrennungsvorgangs verbessert sich die Abgasrückführung und die Wartungsintervalle für den Dieselpartikelfilter verlängern sich auf bis zu eine Million Kilometer.

Land	USA
Baujahr	2024
Motor-Bauart	Sechszylinder-Reihenmotor, Turbodiesel, Intercooler
Lage	Front
Antrieb	Heck
Hubraum (ccm)	12.421
Leistung (PS)	515

Der RH als aktuelles Modell des Jahres 2024 mit Day Cab im Einsatz als Tanklaster. Neben dem klassischen Day Cab bietet International für den RH noch vier weitere Kabinenoptionen an.

International RH

Internationals RH ist für Mittel- und Kurzstrecken gedacht, auch im innerstädtischen Verkehr. Seine Vorderräder können bis zu 50° Grad eingeschlagen werden, was ihm einen Wendekreis von 8,48 m verleiht, ein sehr guter Wert für einen Lastwagen dieser Größe. Neben dem klassischen Day Cab ist der RH noch mit vier weiteren Kabinenoptionen verfügbar und für ein Gesamtgewicht von 27.420 kg zugelassen. Wie der LT ist auch der RH mit dem S13 Integrated Powertrain bestellbar, serienmäßig wird er jedoch von dem gleichen Motor ohne die S13-Komponenten angetrieben. Das Leistungsspektrum des A26 reicht von 400 bis 515 PS. Der Antriebsstrang besteht aus acht wählbaren Schaltgetrieben von Eaton und Fuller mit 10, 11, 12, 13 und 18 Gängen sowie aus einem Automatikgetriebe von Allison mit sechs Gängen.

Der Stralis in einer 2011er Ausführung für den Langstreckenverkehr mit Hi-Way-Schlafkabine. Es gab auch zwei kleinere Kabinen für den lokalen und den regionalen Transporteinsatz.

Land	Italien
Baujahr	2011
Motor-Bauart	Sechszylinder-Reihenmotor, Vierventiltechnik, Turbodiesel, Intercooler
Lage	Front
Antrieb	Heck
Hubraum (ccm)	12.880
Leistung (PS)	560

IVECO Stralis

Zeit, mal wieder einen Blick über die Alpen zu werfen und zu schauen, wie es IVECO seit der Jahrtausendwende ergangen ist, speziell dem Schwergewicht des Unternehmens, dem 2002 vorgestellten Stralis. Der Ersatz für die Modelle EuroStar und EuroTech war ein wahrhafter Global Player, wurde er doch in Spanien, Südkorea, Australien, Argentinien und Russland hergestellt. Die Motorisierung: IVECOs hauseigene Cursor-Turbodiesel mit Vierventiltechnik. Der Cursor 8 bot 7,8 Liter Hubraum und 310, 330 und 360 PS, der Cursor 10 hatte 10,3 Liter Hubraum und leistete 420 oder 450 PS und schließlich der Cursor 13 mit 12,9 Liter Hubraum und 520 bzw. 560 PS, wie im Datenblatt beschrieben. Der Stralis war für Fahrzeuggewichte von 19 bis 44 Tonnen zugelassen und wurde 2019 in seiner Funktion als Ferntransporter vom Modell S-Way ersetzt, ist aber weiterhin für andere Einsatzzwecke, z.B als Baufahrzeug, verfügbar.

In der geradezu luxuriös ausgestatteten Kabine des T2000 waren viele Komponenten aus Gewicht sparenden Verbundstoffen verbaut. Dadurch konnte das Eigengewicht des Aerodyne-Fahrerhauses auf 6,8 Tonnen reduziert werden.

Land	USA
Baujahr	2010
Motor-Bauart	Sechszylinder-Reihenmotor, Turbodiesel, Aftercooler
Lage	Front
Antrieb	Heck
Hubraum (ccm)	15.200
Leistung (PS)	595

Kenworth T2000

Den Aufbruch in das neue Jahrtausend symbolisierte bei PACCAR, der Dachgesellschaft von Kenworth, Peterbilt und DAF wohl kaum ein Truck besser als der aerodynamisch durchgestylte Kenworth T2000, der 1996 vorgestellt und bis 2010 gebaut wurde. Seine nach hinten versetzte Achse verlieh ihm einen relativ kleinen Wendekreis. Der T2000 konnte mit einer Reihe von leistungsstarken Turbodieseln ausgestattet werden wie etwa mit dem Caterpillar C-15, der 440–595 PS abgab und dessen Turbolader mit einem Nachkühler ausgestattet war. Ein Nachkühler ist ein Wärmetauscher, der die Ladeluft abkühlt, nachdem sie den Turbolader durchlaufen hat, anstatt während des Durchlaufs wie bei einem Intercooler.

Land	USA
Baujahr	2003
Motor-Bauart	Sechszylinder-Reihenmotor, Turbodiesel
Lage	Front
Antrieb	Heck
Hubraum (ccm)	11.012
Leistung (PS)	250

Mit seinem senkrechten, eckigen Kühlergesicht wirkte der R bereits in den 1990ern etwas aus der Zeit gefallen, hatte aber bis zuletzt seine treue Kundschaft, beispielsweise die Baufirma DePaul Brothers Truck Equipment, deren R-Truck hier eine Planierraupe transportiert.

Mack RL

Eine weitere amerikanische Truck-Ikone ist die Traditionsmarke Mack, deren Geschichte bis in das Jahr 1900 zurückreicht. 1987 wurde Mack ein Teil der Lkw-Sparte von Renault, die ihrerseits im Jahr 2000 von Volvo übernommen wurde, neben Freightliner der zweite große US-Hersteller mit europäischem Eigentümer. Eine der langlebigsten Mack-Modellreihen war die R Series, die von 1966 bis 2005 gebaut wurde. Der Mack RL ist ein sogenannter Econodyne, d.h. er ist auf den Transport von Schwerlasten bei niedriger Geschwindigkeit ausgelegt und keiner von den Superdieseln, die einem auf den Highways ständig an der Stoßstange kleben und gerne auch mal mit 140 Sachen überholen.

Dieser Pinnacle im Einsatz als Flatbed Hauler (Transporter mit Pritsche) steht in den Diensten der Firma Cookie Carriers. Das Familienunternehmen ist spezialisiert auf Transporte mit Pritschen und in geschlossenen Fahrzeugen, sofern es sich um sogenannte „dry goods“ handelt, also keine verderblichen Waren, die Kühlung benötigen. Das Fuhrunternehmen unterhält eine Flotte von 37 Trucks, ausschließlich Macks, die in den „Lower 48“, also allen US-Bundesstaaten außer Alaska und Hawaii sowie in allen kanadischen Provinzen unterwegs ist.

Mack Pinnacle NYC

Der Mack Pinnacle wurde im Jahr 2006 aingeführt und wird bis heute gefertigt. Er ist mit einem Day Cab oder zwei verschiedenen Fahrerhäusern mit Schlafkabine erhältlich. Da Mack zu Volvo gehört, ist es nicht verwunderlich, dass sich die beiden Marken Komponenten teilen, allen voran Motoren. Macks MP8 entspricht im Wesentlichen Volvos D13-Motor, aber es gibt Unterschiede im Detail, so vor allem bei der Software.. In jedem Fall handelt es sich um einen Reihensechszylinder-Turbodiesel, der Goldstandard im Marktsegment der Schwerlast-Lkw, hier allerdings mit obenliegender Nockenwelle.

Land	USA
Baujahr	2006
Motor-Bauart	Sechszylinder-Reihenmotor, Turbodiesel, Intercooler
Lage	Front
Antrieb	Heck
Hubraum (ccm)	12.831
Leistung (PS)	415-505

Eines der heutigen Schwerlastmodelle von Mack ist der 2006 eingeführte Pinnacle, hier aufgenommen 2019 in New York City in der Ausführung mit Day Cab und Flatbed-Anhänger.

Auch in der Landwirtschaft findet der Mack Pinnacle seine Kunden, beispielsweise beim Transport von großen und schweren Heuballen auf der langen Pritsche. Unter solchen Arbeitsbedingungen mit ihren kurzen Transportwegen ist ein Day Cab ohne Schlafkabine üblicherweise mehr als ausreichend.

Alle Mack-Trucks können mit Mack Connect ausgestattet werden, ein integriertes Computersystem, das vor allem Flottenbetreibern nützliche Informationen liefert über Standortverfolgung, Kraftstoffverbrauch, Lauf- und Stillstandszeiten ihrer Fahrzeuge, dazu über Verkehrshindernisse auf der Route, wann und wo das ABS benutzt wurde und vieles mehr. Big Brother fährt immer mit.

Dieser Anthem steht im Dienst der Firma Carthage Marine Transports Boats (CMT). Zu den Kunden des im US-Bundesstaat Missouri ansässigen Transportunternehmens gehören renommierte Bootsbauer wie Chris-Craft, Cobalt, Malibu, Pursuit, Renaissance und Seahawk. CMT liefert deren Boote in ganz Nordamerika aus, Yachten, Segelboote und Hausboote mit einem Gewicht von bis zu 19 Tonnen, einer Länge von maximal 18,30 m und einer Höhe von 4,60 m. Genau der richtige Job für den Anthem.

Land	USA
Baujahr	2020
Motor-Bauart	Sechszylinder-Reihenmotor, LNG-Verbrenner
Lage	Front
Antrieb	Heck
Hubraum (ccm)	12.490–12.831
Leistung (PS)	400-505

Mack Anthem

Deutlich kürzer im Mack-Programm ist der Anthem, der erst 2018 vorgestellt wurde und ebenfalls als Langstreckentransporter gedacht ist. In den gleichen drei Kabinenausführungen zu haben wie der Pinnacle, glänzt der Anthem vor allem durch seine im Windkanal optimierte Karosserie und die laut Hersteller herausragende Bedien- und Wartungsfreundlichkeit. Neben dem auch im Pinnacle verwendeten MP8, kann der Anthem auch mit dem kleineren MP7, einem 11-Liter-Turbodiesel und mit dem Cummins ISX12n ausgestattet werden. Letzterer ist auf die Verbrennung von Flüssiggas ausgelegt, wodurch die Stickoxid-, Kohlendioxid- und Feinstaubemissionen signifikant gesenkt werden. Durch Fracking produzieren die USA gewaltige Mengen von LNG (Liquid Natural Gas) und CNG (Compressed Natural Gas), die zunehmend als Treibstoff im Verkehrssektor eingesetzt werden, nicht zuletzt im Nutzfahrzeugbereich.

Auch Down Under fahren die Macks mit dem MP8-Turbodiesel durch das Land, allerdings mit etwas mehr Leistung als in Nordamerika. Der antipodische MP8 erfüllt die Euro-6-Abgasnorm, die auch in Australien übernommen wurde.

Land	USA/Australien
Baujahr	2024
Motor-Bauart	Sechszylinder-Reihenmotor, Turbodiesel, Intercooler
Lage	Front
Antrieb	Heck
Hubraum (ccm)	12.831
Leistung (PS)	500-535

Mack Trident

Mack hat nicht nur in Nordamerika, sondern auch in Australien einen guten Ruf. Seit über 60 Jahren baut das Unternehmen vor Ort auf den lokalen Markt abgestimmte US-Modelle mit Rechtslenkung, wie etwa den Trident. Der Tandemachser wird als Sattelzugmaschine oder Chassis & Cab angeboten, mit Day Cab und zwei verschiedenen Sleeper Cabs. Es gibt Ausführungen mit 15 unterschiedlich langen Radständen von 4.770 bis 5.795 mm und Kraftstofftanks mit 700 bis 1.540 Liter Fassungsvermögen. Macks MP8-Turbodiesel kommt in Australien dank auch dort gültiger Euro-6-Abgasnorm auf etwas mehr Leistung, namentlich 535 PS.

MAN TGS/TGX

Land	Deutschland
Baujahr	seit 2007
Motor-Bauart	Sechszylinder-Reihenmotor, Turbodiesel, Intercooler
Lage	Front
Antrieb	Heck
Hubraum (ccm)	9037–15.191
Leistung (PS)	330-640

Im Herbst 2018 nahm die britische Mineralölspedition Hoyer Petrolog eine Flotte von 89 rechtsgelenkten MAN-Sattelzugmaschinen des Typs 24.420 in Betrieb. Beim TGS 24.420 handelt es sich um einen 24-Tonner mit abgerundeten 420 PS. Der Zweieinhalbachser (mit Hubachse) hat einen Radstand von 2.800 mm und in dieser Version eine Tageskabine, ist aber mit einer Schlafkabine mit einem oder zwei Schlafplätzen bestellbar. Der TGS 24.420 wurde bis 2022 gebaut.

TGS 24.420
HOYER GROUP
International Logistics
MAN
DE18 MHV

Dieses MAN-Werbefoto zeigt den TGX der 2020 eingeführten neuen Generation von MAN-Schwerlastern am Hafen von Bilbao. Während die Trucks allerlei aerodynamische und fahrerergonomische Neuerungen erhielten, blieb bei der Motorisierung alles beim Alten.

MAN TGS/TGX

Auch im 21. Jahrhundert ist MAN ein weltweit agierender Wettbewerber auf dem Markt für Schwerlast-Lkw für jeden denkbaren Einsatzzweck. Vor allem die TG-Serie wurde für MAN zum internationalen Erfolg. Nachdem das zunächst TGA getaufte Schwerlastmodell im Jahr 2007 den Baureihen TGS und TGX wich, erfuhren diese in den Jahren 2012, 2016 und 2019 kleinere Facelifts, die nicht nur eine Leistungssteigerung von guten 30 PS für jede der drei Motorisierungsvarianten, sondern auch die Erfüllung Euro-Abgasnormen 6c und 6d zum Ziel hatten.

Die gegenwärtige zweite Generation des MAN TGX wurde am 10. Februar 2020 in Bilbao der Öffentlichkeit vorgestellt. Das Erscheinungsbild des Fahrerhauses wurde subtil modernisiert, obwohl die tragende Struktur der Kabine identisch blieb. Die Kabine, verfügbar wie bisher in drei Ausführungen, sitzt außerdem nun 10 cm höher auf dem Rahmen, was den Fahrkomfort verbessert. Im Inneren glänzt der TGX mit einer neuen, komplett digitalen Instrumentenanzeige. Die Motorenauswahl umfasst wie bisher die vertrauten 9,0-Liter, 12,4-Liter und 15,2-Liter-Sechszylinder mit 330 bis 640 PS.

Am 15. Juni 2019 zog ein MAN 38.580 einen sogenannten HCT-Anhänger über die Salo-Autobahn in Finnland. HCT steht für „High Capacity Transit“, also hohe Ladekapazität im Fernverkehr, und der extra lange Trailer machte das bereits beim Anschauen deutlich. Um einen solchen Koloss angemessen bewegen zu können, war der 38-Tonner mit MANs D3876-Turbodiesel ausgestattet, einem 15,2-Liter-Sechszylinder, der 580 PS leistete. Die Aufschrift auf der Zugmaschine übrigens bedeutet soviel wie „Verantwortungsbewußte Wahl – größerer Truck“, und auf dem Anhänger steht „Kleinerer Fußabdruck – 30 Prozent weniger Kilometer“, also mehr Ladung pro Laster, weniger Fuhren insgesamt.

Eines der größten Probleme im Straßenverkehr sind Staus, verursacht einerseits durch zu viele Fahrzeuge zur gleichen Zeit am gleichen Ort und unkoordiniertes Bremsen und Gas geben aller Beteiligten. Eine Lösung: Platooning (vom englischen Begriff platoon, eine Gruppe von Soldaten in Zugstärke), hier demonstriert von zwei MAN TGX 25.500 im Jahre 2018. Beim Platooning sind mehrere Lkw mittels konnektiver Technologie miteinander verbunden und fahren im Konvoi mit bisher ungekannter Präzision, bremsen und beschleunigen gleichzeitig – und das bei deutlich geringerem Abstand zueinander, als wenn jeder Fahrer auf sich allein gestellt ist. Diese Art des autonomen Fahrens ist unter Nutzfahrzeugen bereits im Einsatz, wenn auch noch nicht flächendeckend, und gilt als Vorreiter für den Pkw-Verkehr.

Selbst am sprichwörtlichen anderen Ende der Welt, in Neuseeland, sind MAN Trucks im Einsatz. Hier handelt es sich um einen TGS 35.540, der 2018 für die dort ansässige Spedition TIL Logistics 50.000 Liter Dieselkraftstoff im Gespann transportierte. Zugelassen für 35 Tonnen Gesamtgewicht, brachte der TGS mit seinem D2676-Turbodiesel 540 PS bei 1.900/min und, was noch wichtiger ist, 2.500 Nm Drehmoment bei 1.400/min zur Arbeit.

Zukunftsmusik: 2022 stellte MAN den Prototypen des vollelektrischen eTGX vor. Die ersten 200 Exemplare des bis zu 1.000 km reichweitenstarken E-Lasters werden bereits 2024 ausgeliefert, bevor im Jahr 2025 die Massenproduktion anläuft.

Land	Deutschland
Baujahr	2022
Motor-Bauart	3–6 Batteriepacks
Lage	Unterflur
Antrieb	Heck
Hubraum (ccm)	n.a.
Leistung (PS)	n.a.

MAN eTGX

Die Zukunft des Fernlastverkehrs nimmt der 2022 vorgestellte MAN eTGX vorweg, die vollelektrische Version des Verbrenner-TGX. Seinen Turbodiesel-Kollegen steht der eTGX in nichts nach, was Nutzlasten, Leistungsfähigkeit und Komfort angeht, bloß dass Batteriepakete anstatt hubraumstarker Reihensechszylinder den Truck antreiben, ob nun als Sattelzugmaschine oder als Chassis mit Kabine und Ladeaufsatz. Die von MAN selbst hergestellten Batteriepacks bieten Kapazitäten von 240 bis 480 Kilowattstunden, was einer Tagesreichweite von 300 bis 800 Kilometern entspricht, unter Einhaltung der Ladezeiten. Bis zu 750 Kilowatt Ladekapazität sind möglich, so dass der eTGX innerhalb von 45 Minuten wieder zu 80 Prozent geladen ist. Für die nahe Zukunft verspricht MAN sogar Reichweiten von 1.000 Kilometern. Man darf gespannt sein.

Mercedes-Benz‘ Schwergewicht Actros startete in das neue Jahrtausend mit einer optischen Überarbeitung im Jahr 2003, deren Resultat hier an einem Modell 2644 zu begutachten ist.

Land	Deutschland
Baujahr	2004
Motor-Bauart	V6-Motor, Turbolader, Intercooler
Lage	Front
Antrieb	Heck
Hubraum (ccm)	11.946
Leistung (PS)	435

Mercedes-Benz Actros 2644

Der Actros 2644 ist ein 26-Tonner, der vom OM 501 LA angetrieben wird, genauer gesagt von dessen Version mit 320 kW (aufgerundet 440 PS) bei 1.800/min und einem maximalen Drehmoment von 2.100 Nm bei 1.080/min. Der neue Actros, auch als MP2 (Modellprojekt 2) bezeichnet, ist hier auf einer Aufnahme von 2004 zu sehen, dem Jahr, in dem die Lkw-Motoren OM 501 und 502 (V6 und V8) auf die Euro 4- bzw. 5-Norm hochgerüstet wurden – dank eines nachgeschalteten Katalysators im Abgasstrang. Mercedes sprach dabei von sogenannten BlueTec-Motoren. Ebenfalls 2004 wurde der Actros zum zweiten Mal seit 1997 von einer Jury von Fachjournalisten zum „Truck of the Year“ gewählt.

Mercedes-Benz Actros 1861 Black Edition

In einer Zeit, in der auch Nutzfahrzeuge wie etwa Schwerlasttransporter Kultstatus erlangen können, wollte Mercedes-Benz nicht zurückstehen und präsentierte 2005 eine Actros-Sonderserie mit dem ebenso eindrücklichen wie angemessenen Namen „Black Edition“, hier zeitgenössisch fotografisch dokumentiert. Lediglich 250 Mal gebaut, war der Actros der etwas anderen Art eine Kreation aus schwarzem Glanzlack und großzügigen Chromapplikationen am Kühlergrill, der Frontschürze und den Seitenspiegeln. Bei der Motorisierung bediente man sich der stärksten Version des OM 502 LA, eines V8 mit 612 PS.

Land	Deutschland
Baujahr	2005
Motor-Bauart	V8-Motor, Turbodiesel, Intercooler
Lage	Front
Antrieb	Heck
Hubraum (ccm)	15.928
Leistung (PS)	612

Die Actros-Sonderserie „Black Edition“ trumpfte nicht nur mit dem 612 PS starken OM-502-LA-V8-Motor auf – ergänzt wurde der Edel-Actros durch eine edle Innenausstattung mit Echtholz, lederbezogenem Lenkrad und Sitzbezügen mit eingepresstem Mercedes-Logo.

Land	Deutschland
Baujahr	2015
Motor-Bauart	Sechszylinder-Reihenmotor, Turbodiesel, Intercooler
Lage	Front
Antrieb	Allrad
Hubraum (ccm)	11.967–12.816
Leistung (PS)	360-510

Der hier gezeigte Zetros 3643 von 2015 gehört der ersten Modellgeneration an und ist gemäß Mercedes-Nomenklatur ein 36-Tonner mit aufgerundeten 430 PS aus dem hauseigenen OM 457 LA. Der Dreiachser hat permanenten Allradantrieb mit zuschaltbaren Differentialsperren in allen Achsen sowie im Verteilergetriebe. Als Zugmaschine eingesetzt, darf der Zetros 3643 bis zu 116 Tonnen an zulässigem Gesamtgewicht mit Anhängelast auf die Waage bringen.

Mercedes-Benz Zetros

Ein Truck der ungewöhnlichen Art, zumindest unter all den Sattelschleppern und Kipplastern, ist der Zetros, ein allradgetriebenes Modell von Mercedes-Benz, das seit 2008 im Programm ist und vor allem für das Militär konzipiert wurde, wenn auch nicht ausschließlich dort genutzt. Verfügbar als Zwei- und Dreiachser, als Fahrgestell mit Kabine, Kipplaster und Sattelzugmaschine mit Radständen von 4.700 bis 5.100 mm, gibt es ihn seit Einführung nur mit Allradantrieb. Unter der Motorhaube der OM 460 LA mit einer Leistungsspanne von 360–510 PS. Sehr zum Leidwesen aller Fans des hochkompetenten Geländetrucks erfüllt der Zetros nur die Abgasnormen Euro 3 und 5 und ist daher in der EU als Neufahrzeug nicht zulassungsfähig.

An seinem subtil veränderten Kühlergesicht erkennt man den Zetros der zweiten Generation, der zum Modelljahr 2020 vorgestellt wurde. Es handelt sich hier um ein allradangetriebenes Fahrgestell mit Ladepritsche und Plane mit der Typbezeichnung 1745, also ein 17-Tonner mit aufgerundeten 450 PS Motorleistung.

Der abgebildete Actros GenH2 erregte im September 2023 Aufmerksamkeit, als er mit einer 80 kg-Tankfüllung von -253°C kaltem Flüssigwasserstoff, aus Biomethan gewonnen, mit 40 Tonnen Gesamtgewicht von Rheinland-Pfalz bis nach Berlin fuhr und dabei 1.047 Kilometer zurücklegte, ohne zwischendurch nachtanken zu müssen.

Land	Deutschland
Baujahr	2023
Motor-Bauart	Elektromotor mit Brennstoffzelle, Flüssigwasserstoff
Lage	n.a.
Antrieb	E-Achse
Hubraum (ccm)	n.a.
Drehmoment (Nm)	4000

Mercedes-Benz Actros GenH2

Da der Nutzfahrzeugsektor überproportional zur Emission von Treibhausgasen beiträgt, arbeiten Lkw-Hersteller weltweit an der Einführung von im Alltag einsetzbaren Lastwagen mit CO_2-neutralen Antrieben. Mercedes-Benz verfolgt dabei eine Doppelstrategie, bei der sowohl batterieelektrische Trucks als auch solche mit Brennstoffzellen entwickelt werden. So ist der Actros GenH2 mit aus Biomethan gewonnenem -253°C kaltem Flüssigwasserstoff unterwegs. Prototypen des GenH2 sind bereits seit 2021 auf öffentlichen Straßen und Autobahnen im Test, um ihre Praktikabilität unter realen Bedingungen zu erproben. Dazu gehört unter anderem, dass die beiden 40 kg fassenden Wasserstofftanks in 10–15 Minuten befüllt werden können.

Mercedes-Benz verfolgt wie gesagt eine Doppelstrategie bei CO_2-neutralen Antrieben. Der batterieelektrische eActros 600 ist neben dem GenH2 die zweite Säule dieser Strategie.

Land	Deutschland
Baujahr	2023
Motor-Bauart	Elektromotoren mit 3 Lithium-Eisenphosphat-Batteriepaketen
Lage	n.a.a
Antrieb	E-Achse
Hubraum (ccm)	n.a.
Leistung (PS)	813 (600 kW) Spitzenleistung

Mercedes-Benz eActros 600

Im Oktober 2023 wurde der eActros der Öffentlichkeit vorgestellt und noch im selben Jahr war Verkaufsstart; Ende 2024 soll die Serienproduktion beginnen. Bei einer Batteriekapazität von 600 kWh kann der eActros bis zu 500 km ohne Zwischenladen zurücklegen, und das bei einer Nutzlast von 22 Tonnen und einem Gesamtzuggewicht von 44 Tonnen. Zwei Elektromotoren mit einer Dauerleistung von 400 kW (542 PS) und einer Spitzenleistung von 600 kW (813 PS) beschicken dabei eine auf 800 Volt ausgelegte E-Achse. Mercedes-Benz betont, dass der eActros auf die gleiche Lebensdauer ausgelegt ist wie ein konventionelles Modell mit Turbodiesel, nämlich 1,2 Millionen Kilometer Laufleistung in zehn Jahren.

Peterbilt 389

Der Peterbilt 389 wurde im Jahr 2006 auf der „Mid-America Trucking Show“ erstmals der Öffentlichkeit vorgestellt. Der Lastwagen basierte auf dem Peterbilt 379 und löste diesen ab März 2007 ab. Der schwere Sattelschlepper wird wahlweise mit dem PACCAR MX-13 oder dem Cummins ISX-15 angeboten, mit einer Leistungsspanne von 405–600 PS. Die Motoren sind mit einer digitalen Smartlink-Steuerung ausgestattet, die den Motor in Echtzeit überwacht und sowohl dem Fahrer als auch dem Verantwortlichen für die Fahrzeugintegrität Informationen über Leistung und Zustand des Motors übermittelt. Diese Daten werden dem Fahrer in Echtzeit auf Anzeigen und einem Touchscreen angezeigt.
Im Jahr 2021 war der 389 noch so beliebt, dass der Inhaber der Marke, der PACCAR-Konzern, beschlossen hat, die Produktion wieder aufzunehmen und ihn als vor Chrom strotzende als Vintage-Sonderedition 389X anzubieten.

Land	USA
Baujahr	seit 2007
Motor-Bauart	Sechszylinder-Reihenmotor, Turbodiesel, Intercooler
Lage	Front
Antrieb	Heck
Hubraum (ccm)	12.895–14.945
Leistung (PS)	405-600

Standardmäßig ist beim Peterbilt 389 ein aerodynamisches Dach auf Fahrerkabine und Schlafabteil installiert, um den Luftwiderstand und den Kraftstoffverbrauch zu reduzieren. Der Lkw wird jedoch, wie in diesem Fall, auch ohne entsprechende aerodynamische Optimierung angeboten.

STREAMLINE
CROWN EDITION
SCANIA STREAMLINE
CROWN EDITION
SCANIA STREAMLINE

Land	Schweden
Baujahr	2015
Motor-Bauart	Sechszylinder-Reihenmotor, Turbodiesel, Intercooler
Lage	Front
Antrieb	Heck
Hubraum (ccm)	12.736
Leistung (PS)	450

Scania Streamline R450 Crown Edition

Zeitsprung in das Jahr 2015: Die Serie 4 ist seit 2005 Geschichte, ebenso wie die traditionellen Scania-Typenbezeichnungen. Die Haubenlenker-Modelle mit der T-Kennzeichnung wurden ebenfalls 2005 aufgrund mangelnden Zuspruchs beim (europäischen) Kunden eingestellt. Damit konzentrierte sich auch der letzte Anbieter in der Alten Welt endgültig und vollständig auf Frontlenker. Ein solcher Frontlenker ist der 2015er Scania Streamline R450, hier im „Crown Edition" genannten Sondermodell zum 125-jährigen Scania-Jubiläum. Streamline bezieht sich auf die geglättete Fahrerkabine, die nach Herstellerangaben im Zusammenspiel mit effizienteren Motoren und Antriebssträngen den Kraftstoffverbrauch um 8 Prozent senkt. Das R steht für den Kabinentyp der hohen Fernverkehrslaster und 450 für die auf 10 gerundete PS-Zahl.

Scanias R450 in der sogenannten „Crown Edition", einer optisch und ausstattungsmäßig aufgewerteten Sonderausgabe des großen Scania-Trucks anlässlich des 125-jährigen Firmenjubiläums.

Land	Schweden
Baujahr	2020
Motor-Bauart	V8-Motor, Turbodiesel, Intercooler
Lage	Front
Antrieb	Heck
Hubraum (ccm)	16.344
Leistung (PS)	730

Nach einer Überarbeitung des Fahrerhauses im Jahr 2017 präsentiert sich der schwere Scania-Truck mit einem katzenartig anmutenden Kühlergesicht, bleibt aber robust wie bisher.

Scania R730

Es gibt drei verschieden hohe Kabinen (Sleeper Cab, Highline Cab und Topline Cab, 3.415, 3.615 und 3.915 mm, vom Boden aus gemessen) bei einem Radstand von 4.000 mm und einer Fahrzeugbreite (ohne Außenspiegel) von 2.490 mm. Zugelassen für bis zu 60 Tonnen Gesamtgewicht, wird der R730 von einem der seit Jahrzehnten vertrauten, Scania-typischen V8-Turbodiesel angetrieben, natürlich in moderner Ausführung mit SCR-Technologie – selektive katalytische Reduktion, also ein nachgeschalteter Katalysator. Die 730 PS des DC16-21 fallen bei 1.900/min an, das maximale Drehomeent von 3.500 Nm zwischen 1.000 und 1.350/min.

Land	Schweden
Baujahr	2023
Motor-Bauart	V8-Motor, Turbodiesel, Intercooler
Lage	Front
Antrieb	Heck
Hubraum (ccm)	16.344
Leistung (PS)	770

Scanias prestigeträchtiger V8-Motor lässt sich von außen auf den ersten Blick am Frontgrill in anthrazit und am V8-Emblem oberhalb der Stoßstange erkennen.

2023 Scania 770S 01

Der ultimative Truck im Scania-Programm ist zweifellos der 770S, größer, schwerer und vor allem leistungsfähiger als die Stallgefährten. Auffällig ist zunächst einmal die Typbezeichnung „S“, die im Sommer 2016 mit der neuen Lkw-Generation eingeführt wurde und für die höchste Fahrerkabine mit flachem Boden ohne Wellentunnel steht. Der Buchstabe wanderte außerdem 2019 hinter die PS-Zahl, nachdem sich Scania mit Daimler-Benz wegen der allzu ähnlichen Bezeichnung der deutschen S-Klasse geeinigt hatte. Die anderen Scania-Serien, L, P, G, R, und T, waren und sind von dieser Änderung nicht betroffen. Obwohl die S-Serie auch mit anderen Motoren zu haben ist, genießt der 770 mit seinem üppigen Leistungsangebot natürlich das höchste Prestige.

Seit 2018 im Testbetrieb: Der gemeinsam von Toyota und Kenworth entwickelte Wasserstoff-Truck gilt als vielversprechende japanische Antwort auf die steigende Nachfrage nach emissionsfreien Lkw. Als Haubenlenker richtet sich der Brennstoffzellen-Truck vor allem an den US-amerikanischen Markt.

Land	Japan/USA
Baujahr	2018
Motor-Bauart	Elektromotor mit Brennstoffzelle
Lage	Front
Antrieb	Heck
Hubraum (ccm)	n.a.
Leistung (PS)	670

Toyota H2-Prototyp

„Project Portal" war der Name eines Toyota-Forschungsprojekts zur Untersuchung der Nutzbarkeit von Schwerlastern mit Brennstoffzellen-Antrieb unter realen Einsatzbedingungen, das im Jahre 2015 ins Leben gerufen wurde. Knapp zwei Jahre später begann ein Kenworth T660 mit Toyota-Technologie mit dem Versuchsbetrieb an und um die Häfen von Long Beach und Los Angeles. Die beiden Häfen sind die größten und geschäftigsten an der Westküste der USA und verursachen mehr Schadstoffemissionen als jede andere Einzelquelle in Kalifornien. Nachdem das erste Testfahrzeug, genannt Alpha, rund anderthalb Jahre Nutzbetrieb und fast 16.000 Kilometer hinter sich gebracht hatte, wurde ihm im Herbst 2018 der abgebildete Beta-Truck zur Seite gestellt. Ausgestattet mit zwei Mirai-Brennstoffzellenpaketen mit 226 Kilowatt Kapazität und zwei Lithium-Ionen-Batterien mit einer Kapazität von insgesamt 12 Kilowattstunden, kann der H2 Truck bis zu 24 Tonnen Nutzlast zwischen den beiden Häfen und diversen Depots transportieren bei einer Reichweite von über 300 Kilometern.

Land	Schweden
Baujahr	2001
Motor-Bauart	Sechszylinder-Reihenmotor, Turbodiesel, Intercooler
Lage	Front
Antrieb	Heck
Hubraum (ccm)	12.130
Leistung (PS)	500

Hier sehen wir einen FH12 der zweiten Generation, die 2001 vorgestellt wurde, diesmal als Holztransporter in Finnland. Das Fahrerhaus zeigte ein neues Gesicht und war – im Falle des abgebildeten Day Cab – 150 mm länger und hatte einen flachen Boden ohne Wellentunnel.

Volvo FH12

Volvos Lkw-Programm aus dem 1990ern setzte sich im neuen Jahrtausend fort, mit deutlichen Anpassungen an die technische Entwicklung und die unterschiedlichen Marktbedingungen in verschiedenen Ländern – so auch beim FH12. Der von der Vorgängergeneration übernommene D12D-Motor wurde technisch weiterentwickelt und mit anspruchsvolleren elektronischen Motormanagementsystemen und einem zweiten Turbolader ausgestattet, was zu einer Leistungssteigerung von 460 auf 500 PS führte. Außerdem wurde von da an der elektronisch gesteuerte Kühlerventilator mit der Computersteuerung des Motors gekoppelt, was nach Herstellerangaben der Senkung des Kraftstoffverbrauches diente.

Der nicht nur aufgrund der Canyon-Kulisse, sondern vor allem auch durch seine lange Haube sofort als US-Volvo zu erkennende VT 880 bietet eine geradezu luxuriöse Innenausstattung einschließlich eines Waschbeckens.

Land	Schweden
Baujahr	2006
Motor-Bauart	Sechszylinder-Reihenmotor, Turbodiesel, Intercooler
Lage	Front
Antrieb	Heck
Hubraum (ccm)	12.130–16.288
Leistung (PS)	500-625

Volvo VT 880

Wie schon an anderer Stelle beschrieben wurde, sind die Bedingungen für den Transportverkehr in Nordamerika signifikant anders als in Europa: Mehr Platz, weniger gesetzliche Beschränkungen, speziell in Bezug auf die zulässige Länge von Lastzügen. Trucks wie Volvos VT880, hier fotografiert im Jahr 2006, tragen dem Rechnung. Langhauber wie die 1996 vorgestellte VN/VT/VHD-Familie sind in Europa praktisch ausgestorben, erfreuen sich in den USA und Kanada jedoch größter Beliebtheit und werden auch vor Ort produziert. Der VT880 misst 5.080 mm von der Stoßstange bis zur Rückwand der Fahrerkabine. Bei der Kraftquelle verläßt sich Volvo auf eigene Produkte, namentlich den im Datenblatt angegebenen D16-D oder alternativ den Cummins ISX mit 475 bis 565 PS.

Im Falle des abgebildeten FH16-Sattelzuges mit drei Anhängern ist natürlich jede der 750 Pferdestärken willkommen. So bedeutet ein Mehr an Leistung auch immer eine merkbare Reduzierung von Fahrtwegen.

Land	Schweden
Baujahr	2015
Motor-Bauart	Sechszylinder-Reihenmotor, Turbodiesel, Intercooler
Lage	Front
Antrieb	Heck
Hubraum (ccm)	16.115
Leistung (PS)	750

Volvo FH16

750 PS, 3.550 Nm Drehmoment. Das waren die Kenndaten des Motors, der die neue Generation des FH16 antrieb, die im Herbst 2011 der Öffentlichkeit vorgestellt wurde. Die Truck-Hersteller schienen sich zu jener Zeit gegenseitig mit hohen Motorleistungen überbieten zu wollen, aber im Transportgewerbe ist eine hohe PS-Zahl nur deswegen von Vorteil, weil dadurch größere Mengen Waren und Güter mit weniger Fahrten ausgeliefert werden können, was in Summe die Kosten senkt. Weitere Facelifts des FH folgten 2020 und 2024, der gezeigte Truck mit dem „alten“ Gesicht wird aber weiterhin unter der Bezeichnung FH16 Classic angeboten.

Volvos Bestseller in den USA ist der VNL760, hier ein Modell von 2022. Das „L“ steht für eine lange Motorhaube, andere Versionen verwenden das Kürzel „M“ für mittellang und „R“ für kurze Hauben für Regionalverkehrs-Lkw.

Land	Schweden
Baujahr	2022
Motor-Bauart	Sechszylinder-Reihenmotor, Turbodiesel, Intercooler
Lage	Front
Antrieb	Heck
Hubraum (ccm)	12.771
Leistung (PS)	500

Volvo VNL 760

Zur Popularität des VNL760 trägt zweifellos die komfortable Kabine des Trucks bei. Sie verfügt über zwei übereinander liegende Schlafplätze mit höhenverstellbaren Rückenlehnen, wobei das obere Bett per ausfahrbarer Leiter erreicht werden kann. Das untere Bett kann mit einem ausklappbaren Tisch in eine Workstation verwandelt werden. Effizienz auch unter der Motorhaube: Volvos auf reduzierten Dieselverbrauch getrimmte D11-, D13- und D13TC-Turbodiesel (D13 im Datenblatt) stehen ebenso zur Wahl wie die bewährten X12G- und X15-Sechszylinder von Cummins, die bis zu 565 PS Leistung bieten. 2024 kam eine gänzlich neugestaltete Ausführung des VNL heraus.

Die Lkw-Marke Western Star wurde 1967 als kanadischer Ableger der White Motor Company gegründet und endete nach mehreren Besitzerwechseln schließlich bei Daimler-Benz im Jahr 2000. Die Produktion wurde nach Portland, Oregon, verlegt und 2015 zusätzlich nach Cleveland, North Carolina (nicht Ohio).

Western Star 5700XE

Hergestellt werden Western Stars Modelle 47X, 49X, und 57X in Portland, Oregon und Cleveland, North Carolina. Der 5700XE, ein Vorgänger des 57X, hier in der ihm exklusiv zugedachten Rolle als Class 8-Sattelzugmaschine. Für die Motorisierung griff Daimler Truck North America auf Aggregate seiner Tochterfirma (seit 2000) Detroit Diesel zurück, den serienmäßigen DD15 (im Datenblatt) oder die optionalen DD13 (12,8 Liter, 350-470 PS) und DD16 (15,6 Liter, 475-600 PS). Der 5700XE wurde bis 2022 gebaut.

Land	USA
Baujahr	2015
Motor-Bauart	Sechszylinder-Reihenmotor, Turbodiesel, Intercooler
Lage	Front
Antrieb	Heck
Hubraum (ccm)	14.847
Leistung (PS)	455-505

Western Star 49X

Ungeachtet seines traditionellen Erscheinungsbildes ist der 49X auch mit allen modernen elektronischen Assistenzsystemen ausgestattet, etwa zum Erkennen von Objekten vor oder neben dem Truck sowie mit adaptivem Tempomat. Wiederum kommen auch im 47X bzw. 49X Motoren von Detroit Diesel zum Einsatz (der DD16 steht im Datenblatt), wahlweise auch Cummins L9, X12 und X15. Vier verschiedene Getriebeoptionen stehen zur Wahl, sowohl automatisierte Schaltgetriebe vom hauseigenen Lieferanten Detroit Transmission und von Eaton sowie eine Getriebeautomatik von Allison. Alle Getriebe verfügen über Nebenantriebe an der Seite und am hinteren Getriebeausgang.

Land	USA
Baujahr	2020
Motor-Bauart	Sechszylinder-Reihenmotor, Turbodiesel, Intercooler
Lage	Front
Antrieb	Heck
Hubraum (ccm)	15.600
Leistung (PS)	500-600

Der Western Star 49X, ebenso wie sein etwas kürzerer Bruder 47X, wurde 2020 vorgestellt und wird als sogenannter Vocational Truck vermarktet, ist also weniger für Langstreckentransporte vorgesehen, sondern eher für den Einsatz im Baugewerbe und Bergbau ...

... aber auch im Forstgewerbe wird der bis zu 600 PS starke 49X gerne eingesetzt.

Western Star 57X

Auch im 57X oder vielmehr gerade im 57X findet sich alles, was moderne Technologie an Sicherheit und Komfort zu bieten hat: Spurhalteassistent, Kameras an Bug und Heck, automatische Scheinwerfer und Scheibenwischer, volldigitale, hochauflösende Instrumente, elektronische Reifendrucküberwachung, USB-A- und B-Ladeports und nicht zuletzt einer Vernetzung mit einem virtuellen Mechaniker sowie der Ferndiagnose und -analyse über den hauseigenen Daimler Truck North America-Dienst Detroit Connect.

Der 2022 eingeführte Western Star 57X löste den 5700XE in seiner Funktion als Sattelzugmaschine ab und ist auf dem Foto bei seiner typischen Arbeit zu sehen, in diesem Fall mit dem 1,83 m langen sogenannten Stratosphere High Roof, der größten Schlafkabine im Angebot des Herstellers.

Land	USA
Baujahr	2022
Motor-Bauart	Sechszylinder-Reihenmotor, Turbodiesel, Intercooler
Lage	Front
Antrieb	Heck
Hubraum (ccm)	15.600
Leistung (PS)	500-600